검지 않은 깊은 산

검지 않은 깊은 산

블랙홀에 대한 진짜 이야기

베키 스메서스트

하인해 옮김

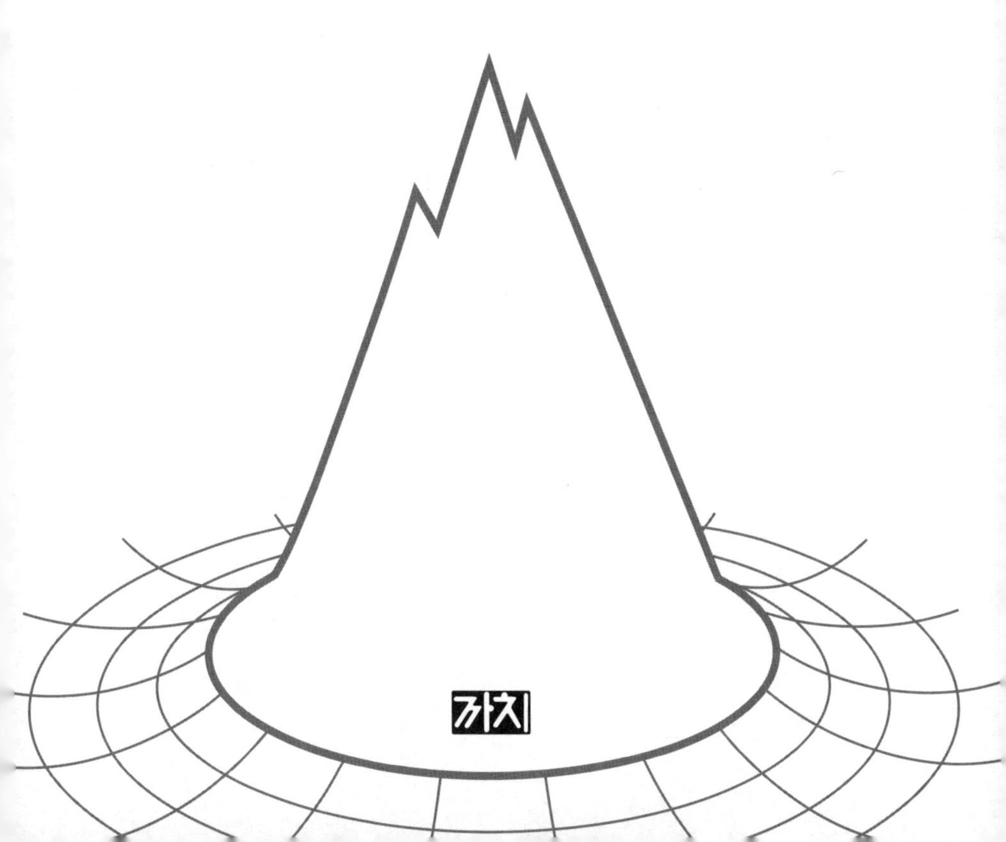

A BRIEF HISTORY OF BLACK HOLES : And why nearly everything you know about them is wrong

by Dr Becky Smethurst

역자 하인해(河仁海)

대학에서 생명화학공학을, 대학원에서는 한국어-영어 통번역을 공부했고 졸업 후에는 정부기관과 법무법인에서 통번역사로 일했다. 현재는 바른번역 소속 번역가로 과학과 인문사회 분야의 책을 번역하고 있다. 옮긴 책으로는『스티븐 호킹 : 삶과 물리학을 함께한 우정의 기록』,『우주는 계속되지 않는다』,『찻잔 속 물리학』,『블록으로 설명하는 입자물리학』,『익숙한 일상의 낯선 양자 물리』 등이 있으며, 과학 계간지「한국 스켑틱」 번역에 참여하고 있다.

편집, 교정 _ 권은희(權恩喜)

검지 않은 깊은 산 : 블랙홀에 대한 진짜 이야기

저자/베키 스메서스트
역자/하인해
발행처/까치글방
발행인/박후영
주소/서울시 용산구 서빙고로 67, 파크타워 103동 1003호
전화/02 · 735 · 8998, 736 · 7768
팩시밀리/02 · 723 · 4591
홈페이지/www.kachibooks.co.kr
전자우편/kachibooks@gmail.com
등록번호/1-528
등록일/1977. 8. 5
초판 1쇄 발행일/2024. 4. 15

값/뒤표지에 쓰여 있음

ISBN 978-89-7291-829-5 03440

당신에게, 그리고 당신을 여기까지 오게 한 당신의 호기심에.

아, 그리고 항상 웃으면서 나를 다시 지구로 데려다주신 엄마께도.

차례

프롤로그

거인의 어깨 위에서

지금 당신은 편안하게 앉아 이 책을 집어 들었겠지만, 사실은 놀라운 속도로 움직이고 있다. 지구는 자전축을 중심으로 돌며 우리를 하루에서 또다른 하루로 끊임없이 이어지는 시간의 행진을 하게 한다. 그리고 동시에 태양 주위를 공전하여 계절의 변화도 겪게 한다.

그러나 이것이 다가 아니다. 태양은 우리은하를 이루는 1,000억 개가 넘는 별 중 하나일 뿐이다. 특별하지도 않고 은하 가운데에 있지도 않다. 사실 몹시 평범하고 별 볼 일 없는 별이다. 태양계가 속한 나선 팔인 오리온 팔도 우리은하에서 주변부일 뿐이며(이야기의 흐름이 보이는가?), 우리은하 역시 크지도 않고 작지도 않은 평범한 나선은하이다.

이 모두를 종합해보면, 우리가 지구의 자전과 공전 속도에 맞추어 움직일 뿐 아니라 우리은하의 중심을 기준으로도 시간당 약 72만 4,000킬로미터로 돌고 있다는 뜻이다. 그렇다면 은하 중심에는 무엇이 있을까? 초대질량 블랙홀supermassive black hole이다.

그렇다. 지금 당신은 블랙홀 주변을 돌고 있다. 엄청난 양의 물질이 밀집해 있는 블랙홀은 밀도가 몹시 높아서 가장 빠른 속도로 움직이는 빛조차도 너무 가까이 다가가면 블랙홀의 중력을 이기지 못한다. 블랙홀이라는 개념은 수십 년간 물리학자들을 매료시킨 동시에 좌절감을 맛보게 했다. 블랙홀을 수학적으로 설명하자면 밀도가 무한히 높고 크기가 무한히 작은 점 주위로 우리가 어떤 빛과 정보도 얻을 수 없는 영역을 말한다. 정보가 없다는 것은 데이터가 없다는 뜻이고 데이터가 없으면 실험이 이루어질 수 없다는 의미이며, 실험이 불가능하다면 블랙홀 "안"에 무엇이 있는지 알 수 없다는 뜻이다.

과학자의 한결같은 목표는 더 큰 그림을 보는 것이다. 초점을 우리의 뒷마당인 태양계에서 우리은하 전체와 더 나아가 우주 전체에 흐르는 수십억 개의 다른 은하로 넓히면, 중력의 진원지가 항상 블랙홀이라는 사실을 알 수 있다. 우리은하 중심에 자리하며 지금 우리를 우주에서 움직이게 하는 블랙홀이 **초대질량** 블랙홀로 불리는 이유는 태양보다 약 400만 배 무겁기 때문이다. 이는 무척 거대하게 들리지만 나는 더 큰 블랙홀도 본 적이 있다. 우리은하의 블랙홀 역시 비교적 평범하다. 질량이 아주 크지도 않고 에너지가 아주 높지도 않으며 그다지 활동적이지도 않아서 찾아내기가 거의 불가능하다.[1]

---

1 사실 이 때문에 우리은하의 중심이 블랙홀이라는 사실을 밝히기가 더욱 어려웠다. 우리은하 가운데에 있는 블랙홀이 더 많은 물질을 "먹어 치우며" 아직도 성장하고 활동하는 블랙홀이었다면, 우주에서 가장 밝은 물체 중 하나였을 것이다. 블랙홀이 우리은하의 중앙을 눈부시게 밝혔을 것이므로, 남반구의 하늘에 뜬 별들은 거의 보이지 않았을 것이다. 나는 그런 세상이 어땠을지 보고 싶다.

지금 내가 이런 이야기들을 당연한 사실로 여기는 것은 무척 놀라운 일이다. 모든 은하의 중심에 초대질량 블랙홀이 존재한다는 사실은 20세기 말에야 발견되었다. 이는 천문학이 전 세계의 거의 모든 고대 문명에서 존재한 가장 오래된 학문 중 하나이지만, 천문학자들이 관찰한 현상을 설명하는 천체물리학은 상대적으로 새로운 과학이라는 사실을 새삼 일깨워준다. 20세기와 21세기에 이루어진 다양한 기술의 발전은 우주의 신비를 둘러싼 벽에 이제 막 작은 구멍을 내기 시작했다.

얼마 전에 나는 사방이 수많은 책들로 둘러싸인 중고 서점[2]에서 정신이 홀려 길을 잃었다가 1901년에 출간된 『현대 천문학*Modern Astronomy*』이라는 책을 우연히 발견했다. 이 책의 저자 허버트 홀 터너는 들어가는 글에서 다음과 같이 말했다.

> 1875년(정확한 날짜가 아닐지도 모른다) 이전에는 천문학 연구의 방법론들이 어느 정도 완성에 이르렀다는 막연한 느낌이 있었지만 이후 대대적인 수정을 거치지 않은 것이 거의 없다.

허버트가 언급한 사건은 사진건판의 발명이었다. 과학자들은 빛에 반응하는 감광제를 도포한 커다란 금속판에 나타나는 상을 있는 그대로 기록할 수 있게 되면서 망원경으로 관찰한 물체를 더 이상 스

2 영국 노섬벌랜드 안윅에 있는 바터 북스(Barter Books) 서점이다. 나는 이곳에 몇 시간이라도 있을 수 있다. 기회가 된다면 꼭 들러보기를 바란다.

케치하지 않아도 되었다. 게다가 망원경의 크기도 점차 커져 빛을 더 많이 모으게 되면서 더 작고 희미한 물체도 관찰할 수 있게 되었다. 내가 가지고 있는『현대 천문학』의 45쪽에 나와 있는 도표는 1830년대에 고작 약 25센티미터였던 망원경 지름이 19세기 말에는 무려 약 1미터에 이른 사실을 훌륭하게 보여준다. 내가 이 글을 쓰고 있는 지금 하와이에서 제작 중인 세계 최대 크기의 망원경인 "30미터 망원경"은 그 이름에서 알 수 있듯이 빛을 모으는 거울의 지름이 30미터에 달한다. 이처럼 우리는 허버트가 살았던 1890년대 이후로도 발전을 멈추지 않았다.

내가 허버트 홀 터너의 책을 좋아하는 (그래서 살 수밖에 없었던) 이유는 사람들의 과학적 인식이 얼마나 빨리 변할 수 있는지를 떠올리게 해주기 때문이다. 그의 책에는 나와 내 동료들을 포함한 지금의 천문학자들이 "현대적"이라고 느낄 만한 내용은 전혀 없으며, 120년 후에 내 책을 읽을 천문학자도 같은 감정일 것이다. 가령 1901년의 천문학자들은 우주 전체의 크기가 우리은하에서 가장 먼 별까지의 거리인 약 10만 광년까지일 것으로 생각했다. 그들은 계속 팽창하는 광활한 우주에 수십억 개의 별들이 섬을 이루는 다른 은하들도 존재한다는 사실을 몰랐다.

『현대 천문학』의 228쪽에는 "안드로메다 성운"이라는 제목의 사진 건판의 이미지가 실려 있다. 한눈에 봐도 안드로메다 은하이다(이것을 애플이 예전에 출시한 맥 데스크톱의 배경 화면으로 알아보는 사람도 많을 것이다). 우리은하와 가장 가까운 이웃 은하 중 하나인 안드로메다는 1조 개가 넘는 별들로 이루어져 있다. 『현대 천문학』 속

안드로메다 이미지는 지금의 아마추어 천문학자가 자신의 집 뒤뜰에서 찍은 사진과 거의 차이가 없다. 19세기 말 사진건판 기술이 이처럼 안드로메다의 모습을 처음으로 기록할 만큼 발전했지만, 안드로메다의 실제 정체가 곧바로 밝혀진 것은 아니다. 그때까지도 안드로메다는 별처럼 빛나지 않고 흐릿한 먼지덩어리 같은 물체를 일컫는 "성운星雲, Nebula"으로 불렸고, 우리은하에 속한 다른 대부분의 별과 같은 거리에 있다고 여겨졌다. 하지만 1920년대에 들어서면서 안드로메다가 그 자체로 별들이 이루는 섬이며 우리은하에서 수백만 광년 떨어져 있다는 사실이 드러났다. 이 발견은 우리가 우주에서 차지하는 위치와 우주의 크기에 대한 관점을 완전히 뒤집었다. 우주가 실제로는 얼마나 큰지가 처음으로 밝혀지면서 우리의 세계관이 하루아침에 바뀐 것이다. 우주는 우리의 생각보다 훨씬 큰 대양이었고 그 거대한 바다에 속한 인류는 생각보다 훨씬 작은 물방울이었다.

우리가 약 100년 전에서야 우주의 실제 크기를 이해하기 시작했다는 사실은 천체물리학이 얼마나 새로운 과학인지를 가장 잘 보여주는 예일 것이다. 20세기의 발전 속도는 1901년에 허버트 홀 터너가 꾼 가장 파격적인 꿈들을 훨씬 능가했다. 1901년에는 블랙홀의 존재를 한 번이라도 생각해본 사람조차 거의 없었다. 1920년대에는 블랙홀이 그저 이론적 호기심의 대상일 뿐이었으며 기존의 공식들을 깨는 불합리한 개념처럼 보였기 때문에 알베르트 아인슈타인 같은 물리학자들을 분노하게 하기도 했다. 1960년대에는 영국의 물리학자 스티븐 호킹과 로저 펜로즈, 뉴질랜드 수학자 로이 커가 회전하는 블랙홀을 아인슈타인의 일반상대성 공식으로 설명하면서 최소한 이론적으로는 블랙홀이 받아들여졌다. 그리고 이는 1970년대 초 우리은하 가운데에 블랙홀이 있을지도 모른다는 첫 잠정적인 제안으로 이어졌다. 곰곰이 생각해보면 인류는 달에 사람을 보냈을 때에도 우리 모두의 삶이 블랙홀 주위를 끊임없이 돌고 있다는 사실을 미처 몰랐던 것이다.

그리고 2002년이 되어서야 우리은하의 가운데를 차지할 수 있는 것은 초대질량 블랙홀뿐이라는 사실이 관찰로 입증되었다. 블랙홀 연구를 시작한 지 10년이 채 되지 않는 나로서는 이 사실을 종종 잊고는 한다. 우리 모두는 우리가 아주 최근까지도 몰랐던 것들이 많았다는 사실을 자주 잊는다. 예컨대 스마트폰이 나오기 전의 삶이나 인간의 게놈 지도가 이번 세기에야 완성되었다는 사실을 종종 기억하지 못한다. 우리에게 소중한 지식은 과학사를 통해 보아야 더 분명하게 이해할 수 있다. 과학의 역사를 뒤돌아보는 일은 수천 명의 연구자들의 생각을 실은 열차에 오르는 것과 같다. 과학사는 우리가 앵무새처럼 반복하여 그것에 처음 불을 지핀 불꽃이 무엇이었는지 잊은 익숙한 이론들을 폭넓게 이해하도록 해준다. 어떤 생각이 발전한 여정을 추적하다 보면 왜 어떤 개념들은 폐기되고 어떤 개념들은 승인되었는지를 깨달을 수 있다.[3]

---

3 지구가 평평하다고 주장하는 사람들의 부상은 과학사를 사랑하는 사람으로서 안타까우면서도 알게 모르게 흥미롭다. 그들은 NASA와 미국 정부가 다른 모든 국가의 정부와 우주국과 공모하여 지구가 둥글다는 거짓을 퍼트리고 있다고 주장한다. 흥미로운 점은 그들이 내세우는 생각과 주장을 수천 년 전 초기 그리스 철학자들이 이미 검토한 뒤 결국에는 몇 가지 실험과 관찰 끝에 폐기했다는

나는 암흑물질의 존재에 의문을 품는 사람들을 볼 때마다 위와 같은 생각을 한다. 암흑물질은 암흑물질이 일으키는 중력 때문에 그 존재를 알 수는 있지만, 빛과 상호작용하지 않으므로 눈으로 볼 수는 없다. 많은 사람들이 우주의 모든 물질 중 85퍼센트나 되는 존재를 볼 수 없다는 것이 말이 되느냐고 묻는다. 우리가 아직 생각하지 못한 무엇인가가 분명 있지 않을까? 나는 우리가 절대적으로 모든 것을 다 안다고 말할 만큼 오만하지 않다. 우주는 우리에게 한순간도 긴장의 끈을 놓지 못하게 한다. 하지만 암흑물질을 의심하는 사람들이 미처 깨닫지 못한 사실은 암흑물질이 우주에 대한 어떤 의문을 떨치기 위해서 하루아침에 만들어진 개념이 아니라는 것이다. 암흑물질 말고는 합리적인 결론이 없다는 판단은 30년이 넘는 관찰과 연구 끝에 내려졌다. 사실 과학자들도 암흑물질이 답이라는 사실을 믿지 않으며 수년 동안 시간을 끌었으나 암흑물질을 뒷받침하는 증거가 압도적이었다. 과학자들이 어떤 이론을 관찰로 확인하면 곧장 지붕 위로 올라가 소리를 지르며 방방곡곡 알리기 마련이지만, 암흑물질은 인류사 전체를 통틀어 가장 마지못해 받아들여진 개념일 것이다. 우리는 암흑물질을 통해서 우리가 생각보다 아는 것이 훨씬 적다는 사실을 인정해야 했고 이는 모두를 겸허하게 만든 경험이었다.

과학의 본질은 이처럼 모르는 대상을 받아들이는 것이다. 미지의

사실이다. 지구가 평평하지 않다는 사실이 실험으로 밝혀졌더라도 감정적으로 애착을 가졌던 주장을 접기란 쉽지 않을 것이다. 수많은 어려움을 견디며 긴 여정 동안 매달렸던 확증 편향을 끝내기는 힘들 것이다. 어떤 믿음을 정면으로 반박하는 증거가 있는데도 그 믿음을 버리지 않는 사회라면 절대 발전할 수 없다.

대상을 인정하면 과학에서든, 지식에서든, 사회 전반에서든 진보를 이룰 수 있다. 전 인류의 진보를 이끄는 지식의 발전과 기술의 발전은 서로에게 원동력이 된다. 가령 우주의 크기와 구성에 대해서 더 많이 알고자 하는 열망, 다시 말해서 멀리 있는 희미한 물체들을 보려는 열망이 망원경의 발전을 가능하게 하면서 1901년에는 지름이 1미터였던 것이 2021년에는 30미터에 이르렀다. 디지털 광탐지기의 개발을 이끈 것은 부피가 큰 사진건판을 불편하게 여긴 천문학자들이었으며 덕분에 이제는 누구나 주머니 속에 디지털카메라를 가지게 되었다. 디지털 광탐지기의 개발로 디지털 기록물이 섬세해지면서 이미지 분석 기술도 향상되었다. 그리고 이미지 분석 기술의 발전은 MRI와 CT 스캐너 같은 의료 영상 기술의 발전으로 이어져 수많은 질병을 진단할 수 있게 되었다. 불과 한 세기 전만 해도 몸 안을 스캔한다는 것은 상상도 할 수 없는 일이었다.

그러므로 블랙홀의 영향에 관한 내 연구는 다른 모든 과학자들의 연구와 마찬가지로 알베르트 아인슈타인, 스티븐 호킹, 로저 펜로즈 경, 수브라마니안 찬드라세카르, 조슬린 벨 버넬 경, 마틴 리스 경, 로이 커, 앤드리아 게즈처럼 나보다 앞선 수많은 거인들의 어깨 위에서 이루어진다. 나는 그들이 오랫동안 힘겹게 얻은 답을 바탕으로 나만의 새로운 질문들을 만든다.

과학자들이 "블랙홀은 무엇인가"라는 질문의 장벽에 작은 흠집을 내는 데까지 걸린 시간은 500년이 넘는다. 우리 우주에서 일어나는 기이하고 수수께끼 같으며 여전히 알려진 바가 거의 없는 블랙홀 현상을 이해하려면 그 역사를 파헤쳐야 한다. 가장 작은 블랙홀부터 가장 큰 블랙홀까지의 발견, 최초로 생겼을 블랙홀부터 마지막이 될 블랙홀, 그리고 애초에 왜 블랙홀이 블랙홀이라고 불리게 되었는지 알아야 한다. 우리가 추적할 과학사의 여정은 우리은하의 중심부터 관측 가능한 우주의 가장자리까지 아우를 뿐 아니라 "블랙홀 안으로 '들어가면' 무엇을 보게 될까?"라는 인류가 수십 년 동안 알고 싶어한 질문도 살펴볼 것이다.

놀랍게도 과학은 이 같은 질문들에 답해주는 데에 그치지 않고 우리에게 또다른 새로운 사실을 일깨워주었다. 오랫동안 은하의 검은 심장으로 여겨진 블랙홀이 실제로는 전혀 "검지" 않았던 것이다. 과학은 수년 동안 우리에게 블랙홀이 우주 전체에서 가장 밝은 물체라고 말하고 있다.

1

별들은 왜 빛날까?

구름 한 점 없는 맑은 밤, 밖으로 나가기 전에 우선 문 앞에서 눈을 감고 몇 분간 기다려보자. 하늘을 보기 전에 눈이 어둠에 적응할 시간을 주기 위해서이다. 아이들도 잠자기 전 취침등을 끄면 방이 깜깜한 어둠에 잠기지만 한밤중에 일어나서 주위를 살피면 눈이 아주 작은 빛에도 반응하여 물체들의 윤곽과 형태를 알아볼 수 있다는 사실을 안다.

그러므로 밤하늘의 경이를 진정으로 느끼려면 집에서 노출되었던 밝은 빛으로부터 눈을 잠시 쉬게 해야 한다. 이른바 야간 시력을 키워야 실망하지 않을 수 있다. 눈의 상태를 최적으로 만든 후 밖으로 나가면 세상을 보는 시각이 달라질 것이다. 아래나 앞이 아닌 위를 올려다보면 수천 개의 별들이 눈앞을 가득 메운다. 어둠에 오래 있을수록 야간 시력이 높아져 별들이 밤하늘에 흩뿌린 소금 결정처럼 반짝이는 광경을 더 잘 볼 수 있다.

하늘을 계속해서 바라보다 보면 오리온이나 북두칠성처럼 별자리라고 불리는 익숙한 형상을 발견할 수도 있다.[4] 그리고 낯선 것들도 보일 것이다. 하지만 그저 별이 어디에서 얼마나 밝게 빛나는지 바라보는 것만으로도 당신은 전 세계의 과거와 현대 문명에서 같은 행동을 통해서 하늘의 아름다움에 감탄한 수많은 이들과 함께하게 된다. 별과 행성은 우리 사회에서 오랫동안 문화적, 종교적, 실용적으로 중요한 역할을 해왔다. 사람들은 별과 행성 덕분에 육지와 바다에서 길을 잃지 않았고 계절의 흐름을 헤아렸으며 최초의 달력을 만들 수 있었다.

별빛을 모두 집어삼키는 도시의 빛 공해 속에 사는 현대인 대부분은 밤하늘과 교감하는 능력을 잃어버린 탓에 계절에 따른 별의 변화나 혜성의 방문을 알아채지 못한다. 당신이 운 좋게 별이 보이는 곳에 산다면 달이 밤마다 어떻게 자리를 바꾸는지 또는 유난히 밝은 "별"이 매달 하늘 위를 어떻게 이동하는지 보았을 것이다. 고대 그리스인들도 "떠도는 별들"을 발견하여 말 그대로 "떠돌이"라는 뜻의 "플라네타이planētai"로 불렀다(현대 영어에서 행성을 뜻하는 "planet"의 어원이다).

그러나 하늘을 바라보는 모든 사람이 그 광경을 마냥 감상만 하는 것은 아니다. 어떤 사람들은 하늘의 물체들에 대한 설명을 원한다. 이는 인간이라면 누구나 가지는 자연스러운 호기심의 발현이다. 인류는 수 세기 동안 별의 진짜 정체가 무엇인지 그리고 왜 빛나는지

4 큰 국자를 뜻하는 "빅 디퍼(Big Dipper)"라고도 불린다.

고민했다. 이탈리아의 철학자 조르다노 브루노는 1584년에 처음으로 별이 멀리 있는 또다른 태양이라고 주장했으며 심지어 별들 주위에도 행성이 돌고 있을지 모른다고 말했다. 당시로서는 몹시 파격적이었던 브루노의 주장은 폴란드의 수학자이자 철학자인 니콜라우스 코페르니쿠스가 수학적으로 계산하면, 태양계의 중심은 지구가 아닌 태양이라는 이론을 발표한 지 41년 뒤에 나온 것이다. 원의 단순함과 수학적 아름다움에 매료되었던 코페르니쿠스는 태양을 가운데에 두고 행성들을 그 주위로 돌게 해야 수학적으로 가장 우아한 배열이 된다고 생각했다. 그러나 그는 이 같은 구조가 지니는 기하학에 감탄했을 뿐 이를 천문학적 관점에서 진지하게 생각하지는 않았다.

수십 년 뒤 코페르니쿠스의 이론을 천문학적으로 지지하는 사람들이 등장했고, 브루노와 또다른 이탈리아의 천문학자 갈릴레오 갈릴레이는 이처럼 가톨릭 교리에 어긋나는 이단적 이론을 지지했다는 이유로 처벌을 받았다. 이후 약 1세기 동안 튀코 브라헤, 요하네스 케플러, 아이작 뉴턴의 노력으로 태양이 태양계의 중심이라는 증거가 쌓였고, 마침내 1687년에 뉴턴이 『프린키피아*Principia*』를 발표하면서 태양중심설이 과학계와 대중 모두에게 인정을 받았다. 뉴턴의 첫 번째 업적은 중력 법칙들과 행성들의 궤도 운동을 규명한 것이다. 우리를 지구 표면에서 떨어지지 않게 하는 힘은 달을 지구 주위로 돌게 하고 지구를 태양 주위로 돌게 하는 힘이기도 하다. 이처럼 행성들이 태양을 돌며 그리는 둥근 궤도는 행성들이 1년 중 특정 기간에는 밤마다 뒤로 이동하는 듯이 보이는 역행 운동 현상을 설명해준다. 지구보다 태양에 가까운 내행성들은 태양 건너편에 있을 때는 하늘에

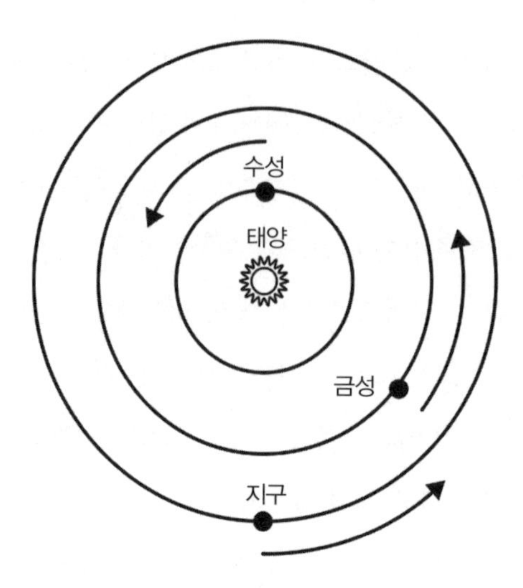

"역행 운동" 현상에서 수성은 뒤로 가는 것처럼 보이지만 "경주 트랙"의 반대편에 있을 뿐이다.

서 뒤로 가는 것처럼 보이고(원형 자동차 경주 트랙에서 반대편에서 달리는 차들처럼)[5], 지구보다 태양에서 멀리 있는 외행성들은 지구가 궤도를 더 빨리 돌아 따라잡았을 때 역시 뒤로 가는 것처럼 보인다.

브루노는 태양이 지구와 가까이 있을 뿐 결국 다른 별들과 같다고 주장하며 시대를 앞서갔지만, 별이 빛나는 이유까지는 밝히지 못했다. 하지만 태양계의 중심인 태양도 인간이 이곳 지구에서 느끼는 힘의 지배를 받는다는 깨달음은 태양을 신의 위치에서 내려오게 했고, 사람들은 태양을 그전만큼 특별한 존재로 여기지 않게 되었다. 18세

5 그러므로 어떤 일을 겪을 때마다 더 이상 "수성 역행" 탓으로 돌리지 말자. 수성은 지난 45억 년 동안 계속 그래왔듯이 그저 태양 주위를 유유히 돌고 있을 뿐이다. 무생물인 암석 물체에 대한 지구의 관점은 우리 삶에 아무런 영향도 미치지 않는다.

기에 들어서면서 물리학자들은 태양을 비롯한 별들이 연소 같은 평범한 방법으로 동력을 얻을 것이라고 추측했고 심지어 태양이 빛으로 발산하는 에너지의 양을 석탄을 태워 가늠할 수 있을 것이라고도 생각했다. 미리 이야기하자면 이는 불가능하다. 태양 전체가 석탄으로 이루어져 있다면 현재 태양이 에너지를 생산하는 속도로는 5,000년이면 다 타버린다.[6] 인류가 기록한 역사가 5,000년보다 오래되었으므로—이미 4,000여 년 전에 기자의 대피라미드가 지어졌다—지구의 나이가 6,000살이라고 가정해도 태양이 석탄으로 이루어져 있다는 생각은 결국 폐기될 수밖에 없었다.

태양이 석탄이 아니라면 무엇일까? 태양을 이루는 물질은 19세기의 물리학자들 사이에서 무척 큰 화두였지만, 해답의 첫 돌파구를 마련한 사람은 바이에른의 유리 세공사였다. 요제프 폰 프라운호퍼는 1787년 집안 대대로 유리 세공을 해온 가문에서 11남매 중 막내로 태어났다. 그의 삶은 모름지기 훌륭한 디즈니 영화라면 갖춰야 할 요소들을 모조리 갖추었다. 10대에 부모를 잃은 그는 뮌헨에서 장식용 거울과 유리 제품을 만들어 왕실에 납품하는 유리 세공 장인의 도제가 되었다. 하지만 심성이 곱지 못한 스승은 프라운호퍼에게 제대로 된 교육을 시켜주지 않았고, 어두워진 뒤 소중하게 간직해온 과학책들을 읽으려고 밝혔던 등마저 빼앗았다. 그러던 어느 밤 스승의 집이 무너지면서 프라운호퍼는 산 채로 잔해 안에 갇혔다. 이는 바이에른

---

6 이 문제를 몹시 고뇌하던 당시의 과학자들은 태양과 충돌한 유성들이 석탄을 추가로 공급한 덕분에 태양이 그렇게 오랜 기간 동안 존재해왔을 가능성까지도 살펴보았다.

공작이 재난 현장을 찾을 만큼 뮌헨 시에서 무척 큰 뉴스였고 사람들은 공작이 지켜보는 가운데 프라운호퍼를 구조했다. 프라운호퍼의 어려움을 알게 된 공작은 그가 궁에서 새로운 스승과 지내며 수학과 광학에 관한 책을 얼마든지 읽도록 해주었다. 이보다 더 동화 같은 이야기도 없을 것이다.

그러나 이야기는 여기서 끝이 아니다. 프라운호퍼는 후에 베네딕트보이에른에 있는 광학연구소에서 망원경 렌즈로 사용할 유리를 최대한 매끈하게 연마하는 방법을 연구했다. 그는 빛이 유리를 통과할 때 무지갯빛으로 산란하는 성가신 굴절(빛의 방향 변화) 현상이 왜 일어나는지 고민했다. 굴절이 일어나는 렌즈는 완벽할 수 없기 때문이다. 이를 해결하기 위해서 프라운호퍼는 빛이 얼마나 굴절되는지, 다시 말해서 유리의 종류와 형태에 따라 방향을 얼마나 바꾸는지 측정했다. 아이작 뉴턴은 이미 17세기에 프리즘으로 빛을 굴절시켜 붉은색이 방향을 작게 바꾸고 푸른색이 크게 바꾸는 무지개를 만듦으로써 아무런 색도 없는 것처럼 보이는 하얀색이 사실은 무지개를 구성하는 모든 색으로 이루어진 것임을 입증했다. 핑크 플로이드의 "다크 사이드 오브 더 문" 앨범의 표지가 떠오른다면 제대로 이해한 것이다.

다만 문제는 무지개를 이루는 색의 경계가 분명하지 않다는 것이다. 하늘에 무지개가 뜬다면 초록색이 끝나고 파란색이 시작되는 부분을 찾아보라. 절대 찾을 수 없을 것이다. 색이 섞이는 방식은 보기에는 더없이 아름답지만, 빛을 이루는 각각의 색이 방향을 얼마만큼 바꾸는지 측정하는 일을 몹시 어렵게 만든다. 그래서 프라운호퍼는 다른 광원들을 실험하기 시작했고 그중 황을 태울 때 나는 불꽃의 스펙트럼에서는 주황빛을 띠는 노란 부분이 다른 부분보다 훨씬 밝다는 사실을 발견했다. 태양 역시 이처럼 노란 부분이 더 밝을지 궁금해진 그는 실험을 수정하여 태양 빛의 각도를 미세하게 바꿔가며 다른 색들도 관찰했고 마침내 무지개를 "클로즈업"하는 데에 성공했다. 이 과정에서 현대 천문학과 천체물리학의 발판을 다진 최초의 분광기spectrograph가 탄생했다.

프라운호퍼는 자신이 만든 분광기로 태양 빛을 보고는 몹시 놀랐다. 유난히 밝은 부분이 발견되는 대신에 색이 전혀 없는 부분들이 나타났기 때문이다. 그전까지 무지개에서 색이 없는 검은 띠를 본 사람은 아무도 없었다. 프라운호퍼가 처음에 발견한 검은 부분은 10곳이었으나, 좀더 세밀하게 관찰하자 총 574곳이 나타났다. 우리가 하늘의 무지개를 클로즈업한다면, 574개의 검은 띠를 볼 수 있다.

이 같은 현상에 흥미를 느낀 프라운호퍼는 조사를 계속했고 검은 띠들이 달, 행성, 지구상의 물체에서 반사된 햇빛 모두에서 나타난다는 사실을 알게 되었다. 하지만 검은 띠가 태양 빛 고유의 속성인지 아니면 빛이 지구 대기를 통과하면서 생긴 것인지 확신할 수 없었다. 그는 이를 알아내기 위해서 분광기로 다른 별들도 관찰했고 여기에는 오리온 자리와 가까이에서 밝게 빛나는 시리우스도 있었다(시리우스가 견성犬星으로도 불리는 까닭은 사냥꾼처럼 보이는 오리온 자리 옆으로 사냥개 형태의 좀더 작은 별자리가 있고 이 별자리에서 가장 밝은 별이 시리우스이기 때문이다[7]). 검은 띠들은 시리우스의 빛에

---

7 그렇다. 『해리포터』에 나오는 시리우스 블랙의 이름은 여기에서 따온 것이다.

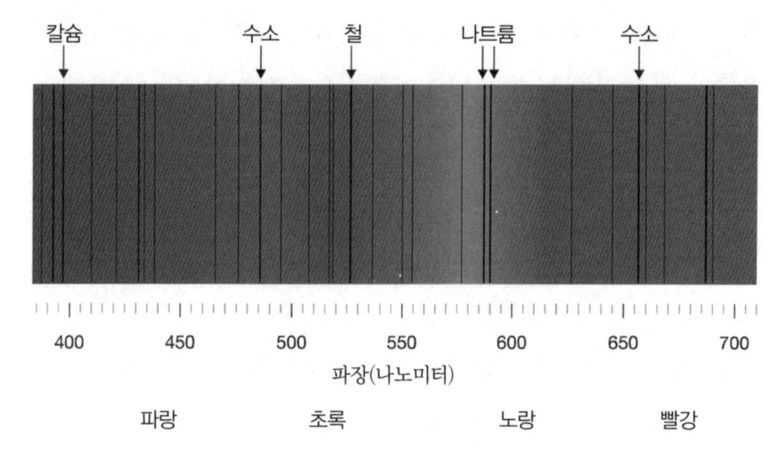

프라운호퍼는 태양 빛을 분광기로 산란하여 생성한 무지개에서 색이 없는 부분들을 발견했다. 후에 분젠과 키르히호프가 이 검은 띠들은 태양을 이루는 원소들이 색을 흡수해서 만들어진 것이며 이를 바탕으로 태양의 구성 원소들을 알 수 있다는 사실을 밝혔다.

서도 나타났지만 태양 빛과 위치가 전혀 다른 완전히 새로운 패턴이었다. 프라운호퍼는 검은 띠들이 지구의 대기가 만든 것이 아니라 항성 고유의 속성과 관련이 있다고 결론 내렸다.

프라운호퍼가 1814년에 이룬 이러한 발견은 현대 천체물리학의 발판이 되었고 이후 그는 행복한 여생을 보냈다. 그의 삶을 다룬 디즈니 영화라면 분명 이렇게 끝났을 것이다. 그러나 현실 속 프라운호퍼는 1826년 고작 서른아홉의 나이에 결핵으로 세상을 떠났다. 유리 세공에 쓰이는 용광로의 재료인 독성 산화납이 원인이었을 가능성이 높다.

이처럼 프라운호퍼는 때 이른 죽음을 맞은 탓에 몇십 년 뒤인 1859년에 독일의 물리학자 구스타프 키르히호프와 로베르트 분젠이 밝힌 검은 띠의 정체를 알지 못한 채 눈을 감았다. 사실 키르히호프와 분젠은 프라운호퍼가 관찰한 띠들을 설명하려고 한 것이 아니라 온도가 매우 높으면서도 그을음이 나지 않는 (그러면서도 눈이 부실 만큼 너무 밝지도 않은) 불꽃을 만드는 분젠의 새로운 장치를 통해서 다른 무엇인가를 조사하려고 했다. 분젠 버너는 최첨단 연구소부터 학교 과학실에 이르기까지 이제는 실험이 이루어지는 곳이라면 전 세계 어디든 하나씩은 있는 장치이다.

키르히호프와 분젠은 분젠 버너로 다양한 원소를 태우며 불빛의 색을 기록했다. 그리고 최신 버전의 프라운호퍼 분광기로 빛을 산란하여 구성 색들도 조사했다. 이 과정에서 각 원소가 매우 특정한 색, 다시 말해서 특정한 파장의 빛을 내보낸다는 사실이 밝혀졌다. 예를 들면 나트륨은 정확히 589나노미터(0.000000589미터) 파장의 밝은 노란색을 내며 탔는데, 이는 과거에 나트륨을 연료로 한 가로등의 색과 같은 색이었다. 키르히호프는 프라운호퍼가 태양의 무지개 스펙트럼에서 발견한 검은 띠 중 하나의 파장이 정확히 589나노미터라는 사실을 깨달았다. 그렇다면 나트륨이 태양에도 존재하지만 589나노미터 파장의 색을 발산하는 대신 흡수하는 것이 아닐까?

키르히호프와 분젠이 실험실에서 원소들을 태웠을 때 나타난 파장들은 프라운호퍼가 태양의 스펙트럼에서 기록한 검은 띠들의 파장 중에도 모두 있었고, 이는 태양에 나트륨, 탄소, 마그네슘, 칼슘, 수소를 비롯한 많은 원소들이 존재한다는 뜻이었다. 그렇다면 궁극적으로 태양도 지구에서 발견되는 원소로 이루어져 있다는 의미가 된다. 키르히호프와 분젠은 프라운호퍼의 업적을 기려 태양 빛 스펙트럼의 검은 띠들을 "프라운호퍼 선Fraunhofer lines"으로 불렀다.

이처럼 태양을 이루는 재료가 무엇인지의 문제는 1859년에 해결되었지만, 지구와 같은 구성 원소들로 이루어진 태양이 어떻게 스스로 동력을 얻는지는 여전히 풀리지 않는 의문이었다. 1863년 8월 「사이언티픽 아메리칸*Scientific American*」 지는 "태양이 실제로 석탄을 태울 가능성에 대한 전문가들의 의구심"이라는 제목의 기사에서 이 문제를 다음과 같이 탁월하게 논평했다.

> 태양은 타오르는 물체가 아니라 강렬한 빛을 내는 물체일 가능성이 무척 크다. 태양 빛은 끓는 용광로의 빛이 아니라 작열하는 쇳물의 빛이다.

다시 말해서 태양은 지구와 비슷한 물체이지만 어떤 이유에서인지 온도가 훨씬 높아 밝게 빛난다.

이 기사는 영국에서 과학자로는 처음으로 상원에 발을 들여 켈빈 경이라는 칭호를 얻은 물리학자 윌리엄 톰슨(온도 단위인 켈빈은 그를 기린 명칭이다)과 독일의 물리학자 헤르만 폰 헬름홀츠의 연구를 바탕으로 작성되었다. 켈빈과 헬름홀츠는 열과 온도에 대한 지금 우리의 이해를 개척한 열역학의 거인들이다. 헬름홀츠는 1856년에 태양이 열을 발산하는 까닭은 태양 내부가 중력으로 응축하면 엄청난 양의 에너지가 발생하고 이 에너지가 운동 에너지로 바뀌면서 원자들(모든 금속 원소의 단위 물질)의 속도가 빨라지고 원자들(모든 원소의 단위 물질)의 속도가 빨라지면서 온도가 올라가 뜨거운 금속이나 불에 달군 유리처럼 빛을 내기 때문이라고 주장했다.

1863년에 켈빈은 헬름홀츠의 이론을 바탕으로 계산하면 태양은 최소한 2,000만 년 동안 빛을 낼 수 있다고 발표했다. 지구의 나이를 6,000살이라고만 가정해도 "태양이 석탄으로 동력을 얻는다"라는 주장을 반박하기에 충분했지만 켈빈의 계산은 이보다도 훨씬 길었다. 같은 해에 켈빈은 열전도 원리에 따라 지구의 나이도 계산했다. 지구가 과거에는 물렁물렁하게 녹아 있었으나 이후 오랜 시간에 걸쳐 식으면서 우리가 발을 디딜 수 있는 암반을 형성했다고 가정하여 추산한 지구의 나이 역시 약 2,000만 살이었다.[8] 태양의 나이와 지구의 나이가 비슷하다는 것은 문제 해결의 성공으로 해석되었다. 지구와 태양이 같은 원소들을 재료로 같은 시기에 형성되었다면, 지구와 태양을 이루는 원소가 비슷한 까닭과 태양이 어떻게 동력을 얻는지의 문제를 단번에 해결할 수 있기 때문이다.

그러므로 물리학자들은 환호했지만 생물학자와 지질학자들은 전혀 그럴 수 없었다. 켈빈이 지구와 태양의 나이를 추산하기 불과 몇 년 전인 1859년에 찰스 다윈이라는 생물학자가 『종의 기원*On the Origin of Species*』이라는 책을 발표하며 새로운 진화론을 펼쳤기 때문이다. 다윈에 따르면 지구의 모든 생명은 자연선택에 의해서 하나의 공통 조상으로부터 여러 변종으로 갈라지며 진화했다(몇 년 후 허버트 스펜서는 이 과정을 "적자생존"으로 불렀다). 1870년대 무렵에는 진화

---

8 이 수치는 현재 과학자들이 추산하는 지구의 나이인 약 45억 년을 크게 빗나간다. 당시에는 방사능의 정체가 아직 밝혀지지 않았으므로 켈빈은 지구 핵에서 일어나는 방사성 붕괴의 열을 고려할 수 없었다.

론이 과학자뿐 아니라 과학에 관심이 있는 대중 사이에서도 널리 인정받았다. 하지만 여기에는 한 가지 문제가 있었다. 진화 과정은 시간이 무척 오래 걸린다는 것이었다. 다윈도 『종의 기원』의 1872년도 판에서 켈빈이 지구의 나이로 추정한 2,000만 년의 시간은 지구 위 생명들이 진화하기에는 너무 짧다고 직접 언급했다. 진화에는 수백만 년이 아닌 수십억 년의 시간이 걸린다.

한편 지질학자들도 나름의 방식으로 지구 나이를 계산했다. 암석이 형성되어 퇴적층이 쌓이는 속도나 바다의 염분이 증가하는 비율을 분석하는 방식이었다. 바닷속 염분으로 지구의 나이를 가늠한 사람은 아일랜드 출신의 지질학자이자 물리학자인 존 졸리이다. 그는 1899년에 소금(정확히는 염화나트륨)이 암석에서 용해되어 강으로 흘러든 다음 바다로 유입된다고 설명했다. 따라서 바다가 처음 생겼을 때 소금이 없었다면, 소금이 강을 통해서 유입되는 속도를 바탕으로 현재 바다의 소금 농도만큼 누적되는 시간을 계산하여 지구 나이를 유추할 수 있다. 궁금해할 독자를 위해서 알려주자면, 졸리는 바닷속에 나트륨이 14,151조 톤 있으며 강에는 1세제곱마일당 24,106톤이 있다고 계산했다. 그리고 1년 동안 강을 떠나 바다로 들어오는 물의 양은 6,524세제곱마일로 추산했다. 그렇다면 현재 바닷속 소금의 총 양이 누적되기까지는 거의 9,000만 년의 시간이 걸린다.[9]

---

9 14,151,000,000,000,000 / (24,106 × 6,524) = 89,980,422년. 주목해야 할 사실은 이 계산의 답이 틀린 것은 여러 전제들이 잘못되었기 때문이라는 점이다. 존 졸리는 우선 소금이 강에서 흐르는 속도가 일정하지 않고, 두 번째로 바다에는 오랫동안 일정한 농도의 염분이 존재해왔으며, 마지막으로 해저 암석들이 강에서

이는 어쨌든 생물학자들이 원하던 수치에 가까워졌지만 다윈의 진화론에는 축복이 되고 켈빈의 계산에는 사형선고가 될 수십억 년의 시간은 아니었다. 이에 대한 돌파구는 1895년에 프랑스의 물리학자 앙리 베크렐이 열었다. 베크렐은 불안정한 우라늄 원소가 시간이 흐르면 스스로 안정적인 원소로 변하고 이 과정에서 방사선을 내보낸다는 사실을 발견했다. 그의 지도 아래에서 박사 과정을 공부하던 폴란드계 프랑스인 물리학자이자 화학자인 마리 스크워도프스카-퀴리는 박사 논문 주제로 우라늄 방사선을 연구하기 시작했고 당시 수정을 연구하던 남편 피에르 퀴리가 15년 전에 발명한 전하 측정기를 실험에 사용했다. 우라늄이 방사선을 방출하면 주변 공기에서 전기가 전도되는 현상을 발견한 마리 퀴리는 방사선이 원자와 공기 분자들이 상호 작용하여 발생하는 것이 아니라 원자 자체에서 나온다고 추측했다.

퀴리는 1897년에 딸 이렌을 낳은 후부터 우라늄보다 더 불안정한 원소들을 본격적으로 찾기 시작했고 우라늄보다 방사선을 4배 많이 방출하는 토륨을 발견했다. 1898년에는 남편 피에르도 수정에 관한 연구를 접고 마리와 함께 훨씬 더 흥미로운 미지의 방사선 연구를 시작했다. 그리고 같은 해 말 퀴리 부부는 불안정 원소 2개를 더 발견하여 하나는 마리 퀴리의 고국 폴란드를 기려 폴로늄으로, 나머지 하나는 "선ray"이라는 뜻의 라틴어 단어인 라듐으로 불렀다. 그리고 "방사능radioactivity"이라는 표현을 처음으로 만들었다. 퀴리 부부는 1903년

흘러들어온 소금을 빠른 속도로 흡수한다는 사실을 미처 고려하지 못했다.

에 앙리 베크렐과 함께 노벨 물리학상을 공동 수상했다.[10] 방사능을 발견하고 그 속성을 규명한 공로를 인정받은 것이다.

방사능 발견의 핵심은 불안정 원소의 변형(또는 "붕괴")이 일정한 속도로 일어난다는 사실을 입증한 것이다. 불안정 원소의 양을 측정하고 이를 붕괴된 안정 원소의 양과 비교하면, 붕괴에 얼마나 오랜 시간이 걸렸는지 유추할 수 있다. 이는 지질학에 혁명을 일으킨 무척 중요한 발견이었다. 1907년에는 이 같은 "방사능 연대 측정법"이 지구 암석에 적용되면서 지구가 수십억 살 이상이라는 사실이 밝혀졌다(이는 지구 궤도 운동의 중심인 태양 역시 수십억 살이 넘는다는 뜻이었다).[11]

다윈의 진화론을 오랫동안 확신해온 생물학자 모두가 받아들일 수치가 드디어 나온 것이다. 하지만 이는 태양이 어떻게 빛을 내는지 고심하던 물리학자들에게는 더 큰 고뇌를 안겼고 결국 그들은 켈빈의 이론을 완전히 포기했다. 방사능이 열을 생성하기는 하지만(실제로 지구가 내보내는 열을 설명하기에 충분하다), 태양의 유일한 에너지원이 되기에는 턱없이 부족한 양이다. 그러므로 20세기 초 인류는 태양의 나이는 어느 정도 짐작했지만(최소한 지구만큼은 오래되

---

10 처음에는 피에르 퀴리와 앙리 베크렐만 수상자로 정해졌으나 노벨상 위원 중 한 명인 스웨덴 수학자 망누스 예스나 미타그-레플레르가 피에르에게 이를 알렸고 피에르가 곧바로 위원회에 문제를 제기하면서 마리 퀴리도 수상자에 포함되었다. 진정한 동지애가 무엇인지를 보여주는 소중한 교훈이다.

11 현대 과학의 방사성 연대 측정에 따르면 지구 나이는 45억5,000만 살이다(오차 범위는 1퍼센트인 약 5,000만 살이다).

었다) 어떻게 그렇게 오랫동안 빛을 내는지는 전혀 감을 잡지 못하고 있었다.

이때 구원투수로 등장한 인물이 바로 독일의 물리학자 알베르트 아인슈타인이다. 아인슈타인은 스티븐 호킹과 함께 사람들이 블랙홀 하면 가장 먼저 떠올리는 이름일 것이다. 중력, 우주, 시간의 본질에 대한 지난 수십 년간의 연구는 그의 이론들로부터 시작되었다. 하지만 우리의 이야기에서는 1905년에 발표된 그의 가장 유명한 공식인 (아마도 그 어떤 공식보다 유명한) $E = mc^2$만 알면 된다. 여기서 E는 에너지이고, m은 질량, c는 초당 무려 299,792,458미터를 이동하는 빛의 속도이다. 이 공식에 따르면 에너지와 질량은 **등가물**, 다시 말해 본질적으로 연결된 서로 같은 대상이다. 따라서 질량은 에너지로 바뀔 수 있다.[12] 태양의 엄청난 질량이 직접 에너지로 전환된다면 태양이 수십억 년 동안 생성한 어마어마한 에너지가 어디에서 비롯되었는지를 드디어 설명할 수 있었다. 하지만 질량이 어떻게 에너지로 바뀔까?

이에 대한 첫 실마리는 1919년 프랑스의 물리학자 장 바티스트 페랭이 제공했다. 페랭은 원자들이 모여 분자를 형성한다는 사실을 증명한 공로로 1926년에 노벨 물리학상을 수상했다. 가령 O_2는 2개의 산소 원자가 모인 분자이다. 페랭은 원자와 분자를 연구하면서 4개의 입자로 이루어진 헬륨 원자의 질량이 각각 입자가 1개씩 들어 있는 수소 핵 4개를 합친 질량보다 덜 나간다는 사실을 발견했다. 이

12 이는 무겁고 불안정한 원소가 가볍고 안정적인 원소로 붕괴하면 방사선이 발생하는 이유 역시 설명한다.

같은 차이는 0.07퍼센트에 불과했지만, $E=mc^2$에서는 아주 작은 질량도 몹시 큰 에너지가 될 수 있다. 자신의 발견이 얼마나 중요한 의미를 띠는지 깨달은 페랭[13]은 태양이 이러한 질량 차이에서 동력을 얻는 것일 수 있다고 주장했다. 수소 원자 4개가 모여 헬륨이 된다면, 남은 질량은 빛을 발산할 에너지가 될 수 있다. 문제는 수소 원자 중심에 있는 핵들이 모두 양전하를 띠어 서로 강력한 힘으로 반발하는 현상(원자의 가운데에는 양전하 입자로 이루어진 핵이 있고 그 주위를 전자라고 불리는 작은 음전하 입자가 돈다) 때문에 이 같은 일이 실제로 가능할 물리학적 모형을 세우지 못했다는 것이다.

그러나 1920년에 영국의 물리학자 아서 에딩턴이 끈질긴 연구 끝에 4개의 수소 핵이 융합하여 헬륨이 되는 과정이 정말 가능하다면 그 장소는 항성이어야 한다고 결론 내렸고 전 세계의 과학자들이 이에 수긍했다. 당시 에딩턴은 아인슈타인의 최신 일반상대성 이론을 영어권 세계에 수차례 소개하며 이미 많은 사람들에게 잘 알려져 있었다(이에 대해서는 뒤에 더 자세히 이야기하자). 하지만 사실 그의 전문 분야는 항성이었고 1920년에 그는 다음과 같은 가정들을 세웠다. 첫째, 항성의 중심부 온도가 켈빈 경의 방법론에 따라 섭씨 약 1,000만 도에 이른다면 이 같은 온도에서는 양전하를 띠는 수소 원자 핵들과 핵들을 서로 떨어트리려는 척력 사이에 이루어지는 상호작용

---

13 나처럼 드라마 「시간의 수레바퀴」에 열광하는 팬들이라면 내가 이 부분을 읽을 때마다 웃음을 참지 못하는 이유를 알 것이다. 대장장이이자 늑대와 형제이면서 페랭과 이름이 비슷한 페린 아이바라가 핵물리학자가 된 모습이 자꾸 생각난다.

에 관한 우리의 이해가 더 이상 통하지 않을 수 있다는 것이다. 둘째 태양의 질량 중 5퍼센트만 수소여도 태양이 지구의 나이와 비슷한 수십억 년 동안 빛을 발산할 에너지를 생성할 수 있다는 것이다. 이 가정들이 이후 몇십 년 동안에 전부 사실로 판명되면서 에딩턴은 물리학계 저명인사로서 명성이 더욱 높아졌다.

1925년 영국 태생의 미국인 천문학자 세실리아 페인가포슈킨은 자신의 박사 논문에서 태양 빛이 산란된 무지개에 나타나는 프라운호퍼 선을 분석하여 태양에서 수소가 다른 모든 원소보다 약 100만 배 많다는 사실을 입증했다. 다시 말해 태양에서 수소가 차지하는 비중은 5퍼센트보다 훨씬 높았다. 그리고 1928년에 러시아계 미국인 물리학자 조지 가모가 마지막 퍼즐 조각을 맞추었다. 그는 수많은 계산 끝에 수소 핵이 다른 수소 핵과의 척력을 이기고 서로 융합할 확률이 아주 낮다는 사실을 밝혔다. 중요한 사실은 이 확률이 몹시 낮기는 해도 0은 아니라는 것이다. 그러므로 태양에서처럼 충분히 많은 수소가 한곳에 밀집해 있다면, 수소 핵이 척력을 이겨내고 엄청난 에너지를 생성할 확률이 충분히 높아져서 태양을 밝히는 상황이 이론적으로 가능하다.

마침내 문제가 풀렸다. 밤하늘에 반짝이는 모든 별과 태양의 연료는 수소였다. 항성들은 수소의 핵융합을 통해서 빛을 생성했다. 나는 우리가 별을 보지 못했다면, 이 이야기에 대해 과연 얼마만큼이나 알 수 있었을지 궁금하다. "왜 별들이 빛날까?"라는 질문이 애초에 가능하기는 했을까? 태양의 진짜 정체가 무엇인지 깨달을 수 있었을까? 지구가 2개의 항성을 중심으로 궤도 운동을 했다면 지구 양쪽 모두

낮이 될 것이므로 우리는 결코 밤하늘을 볼 수 없었을 것이다. 그렇다면 우리가 미처 하지 못했을 질문들은 무엇이었을까? 우리를 빗겨갔을 지식과 기술의 진보는 무엇이었을까?

인류가 밤하늘을 올려다보며 호기심을 품게 된 것은 무척 큰 행운이다. 내가 가장 좋아하는 블랙홀도 마찬가지이다. 별이 어떻게 빛나는지 알게 된 사람들은 자연스럽게 묻기 시작했다. 연료가 다 떨어지면 어떻게 될까? 별이 죽으면 무슨 일이 일어날까? 그리고 이 단순한 질문이 궁극적으로 우리를 블랙홀로 이끌었다.

2

짧고 굵은 삶

1054년 황소자리[14]를 이루는 별 하나가 태양이 모든 별의 빛을 가리는 낮에도 보일 만큼 몹시 밝게 빛났다. 중국 천문학자들은 이처럼 유난히 밝은 별을 "나그네 별"이라는 뜻의 객성客星으로 지칭했으며 그 모습을 자세히 기록했다. 그들의 증언에 따르면 1054년에 처음 나타난 객성은 서서히 빛을 잃다가 642일(약 21개월!) 후에야 완전히 사라졌다.

거의 1,000년이 지난 지금 황소자리에서 객성이 나타났던 곳을 망원경으로 관찰하면 별과는 완전히 다른 형태인 성운이 자리하고 있다. 별이 다 타고 남은 잔불은 잘 보이지도 않을 만큼 희미하고 그 주위에는 가스와 먼지가 소용돌이를 이루고 있다. 바로 별의 유해이다.

14 또한 고대 그리스인들은 'W' 형태의 별자리가 왕좌에 앉은 여성의 형상과 닮았다고 생각하여 에티오피아 왕비 카시오페이아의 이름을 따서 "퀸 카시오페이아"라고 불렀다.

게성운은 초신성 1054의 잔해이다.

수소 연료가 바닥났지만 남은 몇 달 동안 불가피한 운명을 거부하며 그 어떤 별보다 밝은 빛을 내보내다가 한때의 존재를 그림자로 남기고 떠난 것이다. 이 음산한 광경을 이루는 게성운은 별의 죽음에 대한 인류의 지식뿐 아니라 블랙홀의 존재에 대한 깨달음의 역사에서 중요한 이정표가 되어주었다.

게성운은 우리 눈에 보이는 가시광선 영역에서는 가장 밝다고 할 수 없지만, 에너지가 매우 큰 감마선 영역에서는 가장 강렬한 빛을 내는 물체 중 하나이다. 빛은 형태와 속성이 모두 다르고 이는 빛의 파동이 지니는 에너지의 양에 따라 정해진다. 가시광선의 빛들이 우리 눈에 다른 색들로 보이는 것은 파장이 다르기 때문이다. 에너지가

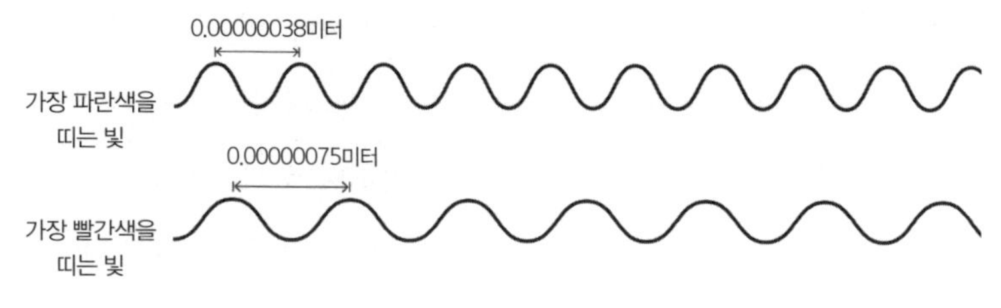

붉은빛과 푸른빛의 서로 다른 파장.

큰 파란색은 초당 도착하는 파동이 더 많고 에너지가 작은 빨간색은 도착하는 파동이 적다. 1초 동안 도착하는 파동의 수는 진동수로 측정하거나 파동의 마루와 마루 사이의 간격인 파장의 길이를 기준으로 가늠할 수 있다.

우리 눈은 파동 사이가 0.00000038미터인 푸른빛부터 0.00000075미터인 붉은빛 사이의 빛(진동수로 계산하면 초당 400조-790조의 파동)만 인식할 수 있다. 손전등이나 태양의 "하얀" 빛은 아름다운 무지개로 나타나는 이 세상 모든 빛이 섞인 것이다. 햇빛이 공기 중에 떠다니는 물방울을 통과하면 햇빛을 구성하는 색들이 분리되어 우리 모두를 감탄하게 한다. 우리가 바라보는 무지개가 사실은 전체 그림의 일부분일 뿐이라는 사실을 떠올리면 더욱 놀랍다. 무지개에서 가장 위에 있는 빨간색 너머와 가장 아래에 있는 보라색 너머로도 우리 눈이 보지 못하는 색들이 있다. 태양은 가시광선뿐 아니라 마루와 마루 사이가 몇 킬로미터에 달하여 에너지가 몹시 낮은 게으른 파장부터 마루 사이가 원자 하나의 지름밖에 되지 않아 에너지가 매우 높은 파장에 이르기까지 온갖 빛을 발산한다.

빛은 파장에 따라 대략적으로 분류할 수 있는데, 파장이 가장 긴

빛부터 가장 짧은 빛까지 순서대로 나열하면 전파, 마이크로파, 적외선, 가시광선, 자외선, X선, 감마선 순이 된다. 파장이 서로 다른 이 빛들이 모여서 빛의 온전한 스펙트럼을 이루며 우리는 이러한 스펙트럼을 구성하는 무지개 전체에서 아주 작은 부분만 볼 수 있다. 눈에 보이지 않는 파장의 빛이라고 해서 활용할 수 없는 것은 아니다. 우리는 전파를 통해서 다른 사람들과 통신하고, 마이크로파로 음식을 요리하며, 적외선으로 TV 리모컨을 작동하고, 자외선으로 박테리아를 없애고, X선으로 몸 안을 들여다보고, 감마선으로 방사선 치료를 하여 암을 없앤다.

그러나 에너지가 큰 빛일수록 지구 생명체에게는 위험하다. 다행스럽게도 지구 대기가 태양이 생성하는 빛 중 대부분의 파장을 차단한다. 가령 자외선 영역 중에서 에너지가 가장 높은 영역은 대기에서 산소 원자에 의해서 흡수되고 이 과정에서 오존층이 형성된다. 마찬가지로 산소와 질소 원자는 모든 X선과 감마선을 흡수하고 대기에 존재하는 수분은 마이크로파를 흡수한다. 지표면에 도달하는 빛은 가시광선과 피부를 검게 태우는 자외선 일부, 그리고 무해한 전파뿐이다. 태양은 가시광선 영역이 전파 영역보다 약 1,000만 배 강하므로 우리 눈이 지구 표면까지 도달하는 밝은 빛을 감지하도록 진화한 사실은 그리 놀랍지 않다. 인류가 대기 구성이 지구와 다른 행성에서 진화했다면, 우리의 눈은 우리가 결코 상상할 수 없는 색들로 이루어진 전혀 다른 빛의 스펙트럼을 인지했을 것이다.

천문학자들은 우리 눈이 아무리 둔감하다고 해도 더 이상 개의치 않는다. 우리는 한 단계 더 "진화하여" 여러 종류의 빛을 관찰할 수 있는 장치들을 개발했다. 문제는 구성이 복잡한 지구 대기가 위험한 방사선으로부터 생명을 보호하기도 하지만, 광활한 우주가 내보내는 X선의 탐지를 어렵게 하기도 한다는 것이다. 이러한 이유에서 과학자들은 X선 탐지기를 망원경에 장착해 우리의 시야를 방해하는 대기 너머로 발사하여 지구 주위를 돌게 했다. 우리는 이 같은 망원경들을 통해서 하늘에서 오랫동안 우리 눈에 보이지 않았던 적외선, X선, 감마선의 점들을 드디어 볼 수 있게 되었다. 여기에는 1054년에는 가시광선 영역에서 태양보다 밝게 빛났겠지만 지금은 감마선 영역에서 태양뿐 아니라 하늘의 거의 모든 천체보다도 밝은 게성운의 빛도 포함된다.

우리는 별이 내보내는 빛의 색과 형태에 따라 별이 얼마나 뜨거운지, 어떤 종류의 별인지, 수명을 다할 때 어떤 일이 일어날지 가늠한다. 별들 중에는 오리온 자리에 속한 베텔게우스처럼 붉은빛을 띠는 별들도 있다. 베텔게우스는 깜깜한 밤하늘에서 맨눈으로도 관찰할 수 있지만 사진으로 찍으면 그 붉은빛을 더욱 선명하게 볼 수 있다(맨눈으로 잘 보이지 않는다면 일반적인 스마트폰을 야간 촬영 모드로 설정한 다음 대기 시간을 10초로 해서 찍으면 잘 보인다). 마찬가지로 시리우스처럼 푸른빛을 띠는 별들도 있다.

그러므로 천문학자들은 별이 내보내는 빛을 기준으로 다른 과학자들처럼 자신들의 연구 대상을 계통으로 분류하기 시작했다. 생물학자가 계통으로 동물의 왕국을 분류하고 화학자가 주기율표로 물질을 분류하듯이, 천문학자들도 별을 구분할 계통을 만들었다. 이를 가능하게 한 것은 별빛을 무지갯빛으로 산란하는 프라운호퍼의 분광기이며, 이 무지개에서 빛이 없는 검은 띠들은 별이 어떤 물질로 이루어졌는지를 암시하는 별의 지문이 되어주었다. 프라운호퍼가 밝혔듯이 별들의 스펙트럼에서 나타나는 검은 띠들은 태양과는 다른 패턴을 띤다.

이탈리아의 천문학자 안젤로 세키는 이 같은 관찰을 통해서 처음으로 별들을 3개의 광범위한 범주로 분류했다. 1863년에 그는 프라운호퍼가 태양의 스펙트럼을 기록한 방식과 같은 방식으로 여러 별들의 스펙트럼을 기록하기 시작하여 총 4,000개가 넘는 별을 분석했다. 이 과정에서 별마다 색이 없는 검은 띠들의 패턴이 약간씩 다르기는 하지만 대략 세 가지 범주로 나눌 수 있다는 사실을 깨달았고, 이를 각각 로마 숫자 I, II, III으로 이름 붙였다(1868년과 1877년에 희소한 유형을 더 발견하여 IV와 V를 추가했다). 세키의 분류에 따르면 태양은 검은 띠가 무척 많은 유형 II에 속한다. 이제 우리는 태양의 스펙트럼에서 색이 없는 부분들이 나타나는 이유가 탄소, 마그네슘, 칼슘, 철처럼 무거운 원소들이 색을 흡수했기 때문이라는 사실을 안다. 이처럼 색이 없는 부분들을 금속선metal line이라고 부른다. 화학자들은 못마땅해하겠지만 천문학자들은 수소보다 무거운 원소라면 모두 "금속"으로 취급한다.

빛에 따라 별을 분류하려고 한 천문학자는 세키만이 아니었다. 1880년대에 미국의 천문학자이자 하버드 대학교의 천문대장인 에드워드 피커링 역시 별의 분류에 주목했다. 피커링은 1만 개가 넘는 별의 스펙트럼을 축적하여 분석했지만 그는 혼자가 아니었다. 이른바 "하버드 컴퓨터들"이 그를 도왔다. 지금은 컴퓨터가 기계를 일컫지만, 피커링의 시대에는 "계산하는 사람"을 뜻했다. 컴퓨터들은 팀을 이루어 몹시 복잡하고 반복적인 계산을 하기 위해서 고용된 사람들이었다. 대부분 여성이었던 그들은 주어진 데이터를 처리하다가 새로운 발견을 하거나 전에는 모두가 놓쳤던 통찰을 얻기도 했다.[15] 하버드 대학교 천문대에서 남자들은 망원경을 옮기거나 커다란 사진건판으로 별의 이미지와 스펙트럼을 기록하는 육체노동을 맡았고, 여자들은 별의 밝기나 스펙트럼을 분류하는 반복적이고 지루한 작업을 처리했다. 지금의 용어로 설명하자면 천문학은 남자들의 몫이었고 천체물리학은 여자들이 담당했다.

하버드 컴퓨터 중 한 명이었던 윌리어미나 플레밍은 피커링이 기록한 1만 개의 별-스펙트럼 중 대부분을 분류했고(이 과정에서 10개의 새로운 "객성"을 발견했다) 피커링과 함께 세키의 분류계를 더욱 구체적으로 개선했다. 플레밍과 피커링은 I에서 V까지의 광범위한 유형들을 알파벳 A에서 Q까지에 이르는 17가지 유형으로 세분했다. A에서 Q로 갈수록 수소가 흡수하는 빛의 양이 감소한다. 플레밍과 피커링이 1890년에 발표한 이 분류법은 미국의 의사이자 열정적인 아마추어 천문학자였던 헨리 드레이퍼가 사망한 후 그들을 후원한 드레이퍼의 아내 메리 애나 팔머 드레이퍼의 이름을 따서 "드레이퍼 목록"으로 불렸다.

그러나 또다른 하버드 컴퓨터인 애니 점프 캐넌을 비롯한 많은 사

---

15 우주 개발 경쟁과 아폴로 탐사가 한창일 때 NASA에서 활약한 캐서린 존슨, 도로시 본, 메리 잭슨을 비롯한 흑인 컴퓨터들을 그린 2017년 영화 「히든 피겨스」 역시 강력하게 추천한다.

람들은 드레이퍼 목록이 너무 복잡하다고 여겼다. 1890년에 하버드 대학교 천문대는 북반구 하늘을 관찰하는 데에 그치지 않고 페루 아레키파에도 천문대를 지어 남반구에서 훨씬 더 많은 데이터를 얻기 시작했다. 캐넌은 남반구에서 관찰된 모든 별의 밝기를 개선된 드레이퍼 목록에 따라 분류하는 일을 했다. 그는 이 과정에서 역시 알파벳으로 이루어진 분류계를 만들었지만 그가 사용한 알파벳은 A, B, F, G, K, M, O뿐이었다. 그는 대부분의 별들이 예컨대 A와 B의 중간 어딘가처럼 두 가지 유형이 섞인 형태라는 사실을 발견했다. 그러므로 별들을 17가지의 개별적인 유형으로 나누는 대신에 숫자 0에서 9까지의 기준을 추가하여 두 가지 유형이 섞인 별을 이를테면 A5로 분류했다. 캐넌의 분류계에서 태양은 G2 별이고 푸른빛을 띠는 시리우스는 A1이며 붉은빛의 베텔게우스는 M2이다.

피커링과 캐넌은 이런 분류계를 1901년에 발표했으나 둘의 작업은 여기에서 끝나지 않았다. 아직도 분류할 별이 많이 남아 있는 이상 드레이퍼 목록은 완성될 수 없었다. 1918년부터 1924년까지 22만 5,300개 별들을 분류한 목록이 여러 권으로 나누어 출판되었는데, 이는 캐넌을 포함한 천문대 컴퓨터들이 한 달에 5,000개가 넘는 별의 스펙트럼을 분류했다는 뜻이다.

이처럼 20세기 초 천문학자들은 별을 분류할 계통은 마련했지만 왜 그러한 방식으로 분류할 수 있는지를 깨닫는 데에는 시간이 좀더 걸렸다. 별마다 스펙트럼이 다르게 보이는 이유는 무엇일까? 왜 약간씩 다른 색으로 빛날까? 드레이퍼 목록의 최종본이 한창 작성되고 있던 1911년에 덴마크의 화학자이자 천문학자인 아이나르 헤르츠스

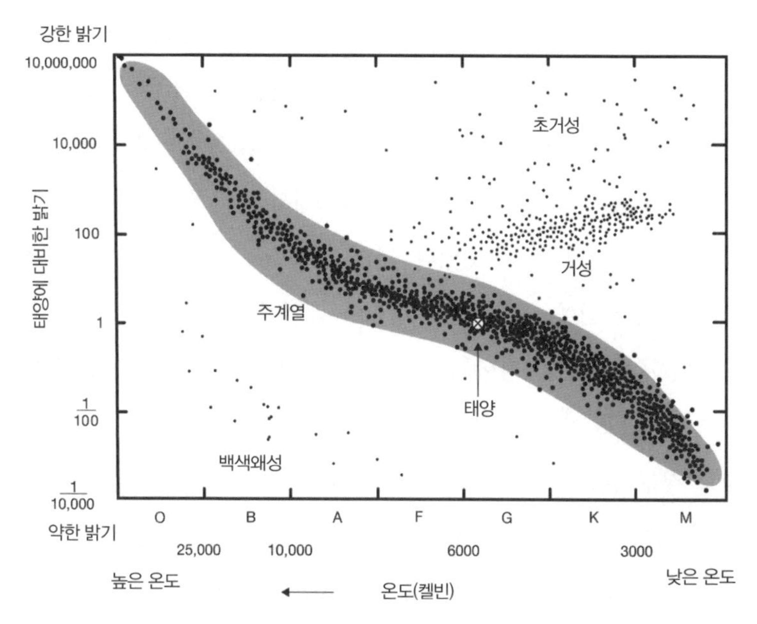

지구와 가까운 별들에 관한 헤르츠스프룽-러셀 도표. 헤르츠스프룽과 러셀이 처음 발견한 상관관계가 나타나는 "주계열" 구간에는 수소 융합이 일어나는 일반적인 별들이 자리한다. 온도를 나타내는 x축에서 온도가 오른쪽으로 갈수록 낮은 이유는 헤르츠스프룽과 러셀이 빛의 흡수가 가장 적게 일어나는 별부터 가장 많이 일어나는 별의 순서로 도표를 그렸기 때문이다. 천문학에서 이처럼 처음에 얼핏 불합리해 보이는 부분이 있다면 역사적인 이유에서 비롯된 경우가 많다.

프룽이 몇몇 별의 거리를 정리하여 목록으로 만들었다. 그는 지구에서부터 별까지의 거리를 바탕으로 지구에서 보이는 밝기가 아닌 실제 밝기를 계산했고 실제 밝기가 스펙트럼에 나타나는 흡수선들에서 사라진 빛의 양에 비례한다는 사실을 깨달았다(흡수된 파장/색의 빛은 완전히 사라진 것이 아니라 별에서 받은 빛의 양과 비교할 때 훨씬 적은 양만 남아 있는 것이다). 헤르츠스프룽은 이 같은 상관관계를 도표로 그렸다. 1913년에는 미국의 천문학자 헨리 러셀이 더 많은 별의 거리를 측정하여 절대적인 밝기를 계산함으로써 헤르츠스프룽의 도표를 개선했고, 러셀의 도표에서도 밝기와 흡수선 사이에 상관관계가 나타났다. 별의 밝기와 스펙트럼에서 빛이 흡수되는 정도 사이에는 분명 무엇인가가 있었다. 과연 그 연결고리는 무엇이었을까?

이에 대한 답을 구하려면 세실리아 페인가포슈킨의 연구를 다시 살펴보아야 한다(앞 장에서 설명했듯이 페인가포슈킨은 1925년 논문에서 태양을 이루는 대부분의 물질이 수소임을 밝혔다). 하버드 대학교 천문대에서 에드워드 피커링과 함께 작업한 컴퓨터들은 자신의 이름으로 논문을 발표했고(당시에는 여성이 논문을 발표하는 일이 드물었다), 이는 더 많은 여성들이 천문학에 진입하는 발판이 되었다. 1919년에 피커링이 세상을 떠난 후 그의 뒤를 이어 하버드 대학교 천문대장이 된 할로 섀플리는 여학생으로만 구성된 래드클리프 학부와 손잡고 여성을 위한 천문학 석사 과정을 개설했다.

컴퓨터가 아닌 대학원생 자격으로 하버드 대학교 천문대에서 연구한 페인가포슈킨은 하버드 대학교에서 래드클리프 학부 출신으로는 처음으로 천문학 박사 학위를 받았다.[16] 그는 박사 논문을 준비하던 중 인도 우타르프라데시 주에 있는 알라하바드 대학교의 물리학자 메그나드 사하가 높은 온도에서 보이는 가스의 작용에 관해서 쓴 논

16 1956년 페인가포슈킨은 여성 최초로 하버드 대학교 정교수가 되었고 이후 천문학부 학부장 자리에까지 올랐다. 그러므로 최초의 여성 하버드 학부장이기도 하다. 그가 지도한 수많은 대학원생 중에는 드레이크 방정식으로 우리은하에 존재할지 모르는 다른 문명의 수를 추산한 프랭크 드레이크도 있다.

문을 읽고서 별들의 유형(A, B, F, G, K, M, O)이 온도와 어떤 관계가 있는지를 깨달았다. 사하는 크기가 작은 입자들의 행동을 설명하는 양자역학의 개념들을 바탕으로 온도와 압력이 매우 높아지면 원자들에 어떤 일이 일어나는지를 연구하면서 온도나 압력이 높을수록 가스의 이온화가 활발해진다는 사실을 발견했다. 이온화가 일어나면 원자 중심을 돌던 전자들이 궤도를 이탈하여 음성의 전자들과 양성의 핵들이 자유롭게 떠다니게 된다. 사하는 이 과정을 사하 공식으로 매우 간결하고 명료하게 설명했다.[17]

영국의 천문학자 랠프 파울러와 다른 여러 물리학자들은 사하가 발견한 이런 현상이 별의 스펙트럼마다 흡수되는 빛의 양이 다른 원인이라는 사실을 깨달았다. 온도가 너무 낮으면 전자들이 더 높은 준위로 진입할 에너지가 충분하지 않으므로 전자에 의한 빛의 흡수가 적게 일어난다. 한편 온도가 너무 높으면 이온화가 지나치게 많이 일어나 빛을 빼앗을 전자가 더 이상 궤도에 남아 있지 않으므로 역시 빛의 흡수가 잘 일어나지 않는다. 그렇다면 전자들이 일으키는 빛의 흡수가 가장 활발하게 일어나는 골디락스 구간, 다시 말해서 너무 차갑지도 않고 너무 뜨겁지도 않아 별의 스펙트럼에서 검은 띠가 많이 나타나는 완벽한 온도가 있을 것이다.

세실리아 페인가포슈킨은 이 같은 생각들을 발전시켜 애니 점프 캐넌의 분류계를 높은 온도에서 낮은 온도의 순서인 O–B–A–F–

---

17 자신이 발견한 새로운 공식이 스스로의 이름으로 불리는 것은 물리학자라면 누구나 꿈꾸는 일이다. 매우 독특한 그래프가 자신의 이름으로 알려지는 것 역시 굉장한 영광일 것이다.

G-K-M으로 배열하면 흡수가 가장 많이 일어나는 별은 온도가 너무 낮지도 않고 너무 높지도 않은 최적의 온도인 A 유형의 별들이라는 사실을 증명했다. 흡수되는 빛의 양이 특정 원소의 양이 아닌 온도로 결정된다는 사실을 깨달은 페인가포슈킨은 태양에는 수소가 다른 어떤 물질보다 약 100만 배 넘게 많다는 사실을 밝혔다. 그리고 이를 1925년에 발표했지만, 당시에는 지구와 태양을 이루는 원소들의 구성과 비율이 비슷하다는 생각이 지배적이었기 때문에 논문 심사위원이었던 헨리 러셀은 페인가포슈킨에게 지나치게 파격적인 주장은 삼가라고 충고했다. 하지만 러셀은 1929년에 결국 다른 방식으로 태양을 이루는 가장 많은 물질이 수소라는 사실을 알게 되었는데, 그가 이 같은 사실을 발견할 수 있었던 것은 결국 페인가포슈킨의 연구 덕분이지만 많은 사람들이 이를 러셀의 발견으로 잘못 알고 있다.

페인가포슈킨의 통찰 덕분에 이제 우리는 별들이 어떻게 빛나는지, 별의 밝기와 흡수의 강도가 어떤 상관관계를 맺는지, 별들이 어떻게 분류되는지 안다. 지금도 천문학을 처음 배우는 학생들은 "Oh Be A Fine Guy/Girl Kiss Me"(좋은 남자/여자가 되어 내게 입맞춤을 해줘)라는 문장으로 이 간단한 분류계를 외운다. 이것은 캐넌 분류법으로 불려야 마땅하지만 하버드 분류법으로 불리는 까닭에 학생들은 분류계를 배우는 동안 이를 가능하게 한 많은 여성들에 대해서는 배우지 못한다.

별의 스펙트럼에서 빛이 흡수되는 정도는 온도로 결정되므로 근본적으로는 별의 온도가 절대적인 밝기와 상관관계를 맺는다. 이 관계를 지금은 "헤르츠스프룽-러셀도"라고 부른다. 온도가 높은 별일수록 더 많은 빛을 내보낼 뿐 아니라 발산된 빛의 에너지도 높아 더 밝게 빛난다. 태양의 평균 온도는 5,778K이므로[18] 이는 녹색을 띠는 약 500나노미터(0.0000005미터) 파장에서 가장 많은 빛을 내보낸다는 뜻이다. 하지만 태양이 녹색으로 보이지 않는 까닭은 붉은빛과 푸른빛 역시 비슷한 양으로 발산되어 모든 색이 섞이면서 흰빛이 되기 때문이다. 붉은빛을 띠는 베텔게우스의 온도는 태양보다 낮은 3,600K이고, 푸른빛을 띠는 시리우스는 태양보다 높은 9,940K이다.

하지만 아직 풀리지 않은 문제가 있다. 왜 별의 밝기와 온도가 상관관계를 맺을까? 별을 이해하기 위한 퍼즐의 마지막 조각은 질량이다. 에드워드 피커링은 하버드 대학교 천문대에서 수많은 별을 분류하는 동시에 2개의 별이 같은 기준점을 중심으로 궤도를 도는 쌍성雙星, binary star을 연구했다. 피커링은 이 과정에서 별의 유형에 따라 무게가 달라진다는 사실을 발견했다. 예컨대 O 유형의 별들이 가장 무거웠고 M 유형이 가장 가벼웠다. 한마디로 질량이 클수록 밝기와 온도가 높았다.

이는 켈빈 경이 그랬듯이, 별을 안으로 모으는 내부 중력과 밖으로 밀어내는 핵융합 에너지의 지속적인 균형으로 생각하면 이해하기 쉽다. 질량이 가장 많은 별들은 안으로 모으는 중력이 가장 크므로 별 내부의 온도가 질량이 적은 별들보다 훨씬 더 높다. 무거운 별들은 이처럼 내부 중력이 강하므로 밖으로 미는 힘이 더 커야 한다.

---

18 5,778K를 우리에게 좀더 익숙한 온도 단위인 섭씨로 환산하면 5,500도가 된다(화씨는 9,332도). 켈빈 온도를 섭씨로 바꾸려면 273.15도를 빼기만 하면 된다.

다시 말해서 스스로의 중력 때문에 붕괴하지 않으려면 초당 더 많은 연료를 태워야 한다. 그러므로 항상 훨씬 강한 내부 중력과 싸워야 하는 무거운 별들이 더 밝게 빛난다. 따라서 태양보다 질량이 큰 별은 수소가 훨씬 많더라도 수소를 빠른 속도로 융합해야 하기 때문에 수명이 훨씬 짧다. 가령 O 유형의 별은 태양보다 질량이 90배까지 더 나가지만, 수명은 100만 년밖에 되지 않는다(100억 년인 태양의 10,000분의 1이다). 큰 별일수록 짧고 굵은 삶을 산다.

수소를 헬륨으로 활발하게 융합하는 별들은 헤르츠스프룽-러셀도에서 밝기와 온도의 관계가 뚜렷한 "주계열主系列, main sequence" 구간에서 발견된다. 하지만 수소 연료가 바닥나기 시작하면, 온도가 하락해 붉은빛을 띠지만 어떻게든 밝기는 그대로 유지되어 상관관계에서 벗어난다. 이는 몸의 부피를 거대하게 늘리면 가능한 일이며 이 같은 별들을 "거성giant star"이라고 부른다(크기가 아주 크면 "초거성"이라고 한다). 같은 시기에 형성된 별들의 무리를 발견했다면 가장 밝은 O 유형 별들이 삶을 다하여 헤르츠스프룽-러셀도에서 벗어나고 주계열에 속했던 많은 별들이 이탈하여 거성이 될 시기를 바탕으로 별들의 나이를 짐작할 수 있다.

이처럼 별은 몸의 크기를 키워 불가피한 죽음의 운명을 늦춘다. 예를 들면 태양이 약 50억 년 안에 연료가 바닥나기 시작하면 몸을 부풀려 헤르츠스프룽-러셀도에서 위로 올라가 적색거성이 되었다가 외피층들을 우주로 벗어던져 결국에는 백색왜성 구간(온도는 높지만 밝기는 낮은 곳)으로 내려올 것이다. 하지만 왜 이런 일이 일어날까? 몸집을 늘려 죽음을 늦추는 별들은 어떤 속셈일까?

천문학자들은 1929년에 모든 조각들을 끼워맞춰 태양을 비롯한 하늘의 별은 모두 수소를 헬륨으로 융합하여 연료를 얻는다는 사실을 밝힌 다음 융합이 어떻게 일어나는지를 본격적으로 연구하기 시작했다. 수소 원자 4개를 어떻게 물리적으로 합쳐 헬륨으로 융합할 수 있을까? 별에서 일어나는 융합 방식은 1939년에 독일계 미국인 핵물리학자 한스 베테가 규명했다.[19] 앞에서도 설명했듯이 (2개의 수소 원자가 서로의 척력을 이길 확률은 매우 낮지만 0은 아니라는 사실을 밝힌) 조지 가모는 우선 2개의 수소 원자가 융합하여 듀테륨 deuterium이라는 중수소를 형성하는 수소 원자 융합의 연쇄반응 가능성을 제안했다. 듀테륨은 일반적인 수소처럼 핵에 하나의 양성자가 있지만 중성자도 있어서 수소보다 조금 더 무겁다.[20] 양성자 개수가 달라지면 원자의 종류가 달라지지만 중성자 수는 원자의 무게만 다르게 할 뿐이다. 일반적으로 원자는 중성자와 양성자의 수가 같고(중성자가 없는 경우가 많은 수소는 예외이다)[21] 듀테륨처럼 중성자 수

---

19 어머니가 유대인인 베테는 튀빙겐 대학교 연구원이었으나 당시 새로 선출된 나치당이 발의한 반유대주의적인 "교원 복무 복원을 위한 법"에 따라 1933년 해임되었다. 이후 영국 맨체스터 대학교에서 잠시 근무한 뒤 1935년 미국으로 건너가 코넬 대학교 교수가 된 후 계속 미국에서 지냈다. 제2차 세계대전 동안에는 로스앨러모스 연구소 이론부 감독으로 임명되면서 그의 핵물리학 지식은 1945년 나가사키에 투하된 폭탄을 포함한 인류 최초의 원자폭탄 개발에 이용되었다. 나중에 그는 알베르트 아인슈타인과 함께 핵실험과 핵무기 개발 경쟁에 반대하는 운동에 앞장섰다.

20 양성자나 중성자, 전자가 무엇인지 기억나지 않거나 애초부터 모르더라도 걱정하지 않아도 된다. 다음 장에서 이야기할 것이다.

21 아주 무거운 원소들 역시 예외이다. 이 같은 원소들은 입자들을 결집하는 많은

가 일반 원자와 다른 원자를 동위원소isotope라고 한다. 중수소가 연쇄반응을 통해서 또다른 수소 원자와 융합하면 가벼운 헬륨 동위원소인 헬륨-3이 되고, 마지막으로 또다시 수소 원자와 결합하면 온전한 헬륨이 된다.

그러나 베테는 이 같은 양성자 연쇄반응에 대해서 의문이 들었다. 태양과 다른 별들에도 존재하는 것으로 밝혀진 탄소 같은 더 무거운 원소들은 어떨까? 수소보다 무거운 원소들은 어떻게 만들어지며 별에서 일어나는 핵반응에 어떤 영향을 미칠까? 베테는 별의 온도가 충분히 높을 때는 탄소의 존재가 실제로 핵반응의 촉매제 역할을 한다는 사실을 깨달았다. 별은 아래와 같은 주기로 수소를 탄소, 질소, 산소와 융합하고 마지막으로 헬륨을 일부 만든다.

i 탄소가 수소와 융합하면서(#1) 경질소가 만들어진다.
ii 경질소가 중탄소로 붕괴한다.
iii 중탄소가 수소와 결합하여(#2) 질소가 된다.
iv 질소가 수소와 결합하여(#3) 경산소가 된다.
v 경산소가 중질소로 붕괴한다.
vi 중질소가 수소 원자와 결합한 뒤(#4) 탄소와 헬륨 원자로 분열한다.

탄소로 시작해서 탄소로 끝나는 이 주기에서 4개의 수소 원자가

수의 중성자가 사라져야만 가벼운 원소들로 붕괴하여 불안정해지기 때문이다.

투입되어 헬륨이 일부 생성된다. 이 주기를 "CNO 순환"(탄소-질소-산소의 순환)이라고 한다.

베테는 높은 온도에서는 CNO 순환이 양성자-양성자 연쇄반응보다 매우 효율적이어서 수소가 또다른 수소가 아닌 탄소나 질소와 융합할 가능성이 훨씬 높다는 사실을 밝혔다. 베테는 1940년에 이를 논문으로 발표했고 별이 동력을 얻는 정확한 방식을 규명한 공로로 1967년에 노벨 물리학상을 받았다.[22] 하지만 베테가 여전히 풀지 못한 문제가 있었다. 탄소, 질소, 수소는 애초에 어떻게 만들어졌을까? 핵에 양성자만 1개인 가장 단순한 원소 수소는 우주의 기본적인 구성 요소이다. 우주에서 가장 많은 원소인 수소가 헬륨보다 무거운 원소들로 바뀌는 다른 반응들이 분명 존재할 것이다.

그러나 베테는 헬륨보다 무거운 원소들이 어떻게 존재하게 되었는지는 생각해보지 않았고, 몇 년 뒤인 1946년에 영국의 천문학자 프레드 호일이 이 문제를 연구했다. 케임브리지 대학교 세인트존스 칼리지의 강사였던 호일은 중원소들이 어떻게 생성되는지 규명하는 이론들을 발표하며 유명해졌고,[23] 이후 케임브리지 이론천문학 연구소

---

22 이제 우리는 질량이 태양과 비슷하거나 태양보다 작은 항성 중 대다수에서 실제로 양성자-양성자 연쇄반응이 일어난다는 사실을 안다. CNO 순환은 태양보다 질량이 큰 항성에서만 일어난다.

23 호일은 우주 기원에 관한 빅뱅 이론을 격렬하게 반대한 것으로도 잘 알려져 있다. 그는 영국 대중에게 우주의 기원을 설명하는 BBC 라디오 프로그램에서 청취자들이 시각적으로 이해할 수 있도록 "빅뱅"이라는 말을 처음으로 사용했다. 하지만 그는 우주가 항상 존재해왔고 앞으로도 변하지 않는 일정한 상태로 존재할 것이라고 주장했다. 결국 그의 주장은 틀린 것으로 판명되었고 그가 이름

의 초대 소장까지 역임했다. 그는 별이 더 이상 태울 연료가 없으면 내부 중력에 저항하여 바깥으로 밀어낼 에너지가 없으므로 내부 붕괴하기 시작한다고 주장했다. 이처럼 붕괴가 일어나 물질들이 밀집하게 되면 별 내부의 온도가 수백만 도로 올라가 일반적인 융합에서 만들어졌던 수소와 헬륨 핵이 서로 결합하여 주기율표에 있는 모든 원소가 거의 같은 양으로 만들어진다.

호일의 이 같은 추론에는 한 가지 문제가 있었다. 이렇게 만들어진 원소들이 바깥 구경을 하지 못한 채 붕괴한 별 안에 갇혀 있다는 것이다. 하지만 누구나 알다시피 원소들은 우주 전체에 흩어져 태양계를 이루는 재료가 되었다. 그러므로 호일은 별들이 수소 연료가 바닥날 때 일어나는 독특한 거성 단계를 고려하여 자신의 이론을 수정했다. 별에서 융합이 일어나는 곳은 온도가 충분히 높은 가운데 핵뿐이므로 별에 존재하는 수소 중 5퍼센트만 헬륨이 된다(아서 에딩턴이 주장했듯이). 하지만 질량이 큰 별에서 핵에 수소 연료가 떨어지면 내부 중력으로 인해서 별이 붕괴하기 시작하면서 수소로 이루어진 대기 외곽이 이제는 헬륨만 남은 가운데 핵으로 몰린다.

별이 중력으로 붕괴하는 동안 핵에 가장 가까운 수소는 온도가 올라가서 헬륨으로 융합되고 그 결과 이제는 헬륨으로 이루어진 핵과 그 주변을 둘러싼 수소 대기의 온도가 높아진다. 핵이 더욱 수축하여 온도가 더 올라가면 별이 내부 중력에 저항할 유일한 방법은 수소로 이루어진 대기 외곽을 부풀리는 것이다. 그렇게 해서 별은 거성이 되

붙인 빅뱅 이론이 승리했다.

고 질량이 더더욱 크면 초거성이 된다(거성이 붉은색으로 보이는 이유는 별의 외곽에 있던 원소들이 바깥으로 퍼지면서 온도가 내려가기 때문이다).

핵 주위의 층에서 일어나는 융합은 핵 온도가 헬륨을 탄소로 융합할 만큼 올라갈 때까지 계속된다. 핵을 감싼 층에서도 수소가 마침내 다 떨어지면 별은 다시 내부 붕괴하여 온도가 올라가고 그 주위를 둘러싼 층에서도 수소 융합이 시작된다. 융합이 끝나고 이제 헬륨만 있는 안쪽 층은 헬륨들을 탄소로 융합하기 시작하고 핵에서 만들어졌던 탄소는 산소로 융합된다. 이 과정은 별이 소멸의 숙명에 저항하며 온도를 계속 높이다가 수소보다 무거운 원소들이 양파 껍질처럼 층을 이룰 때까지 반복된다.

핵에서 점점 더 무거운 원소가 융합되는 이 같은 연속적인 과정은 규소 원자가 철로 융합되면서 마무리된다. 철은 사형선고나 다름없다. 철도 더 무거운 원소로 융합할 수 있지만 철의 융합에 투입되는 에너지는 융합에서 나오는 에너지보다 크므로 연료로 사용될 수 없다. 철이 생성되면 별은 다시 수축하지만 융합이 일어날 외피층이 더는 없으므로 중력에 의한 내부 붕괴에 저항하지 못한다. 그러면 별 외곽에 있던 가벼운 원소들이 내부로 몰리면서 잠시 온도가 급격하게 올라가 은하 너머에서도 보일 만큼 엄청난 양의 빛을 발산한 다음 핵에 있던 무거운 원소들이 우주로 튕겨져 나간다. 이 같은 붕괴와 폭발의 단계가 초신성supernova이다.[24]

---

24 태양은 질량이 그리 크지 않으므로 이 같은 일은 절대 일어나지 않을 것이다.

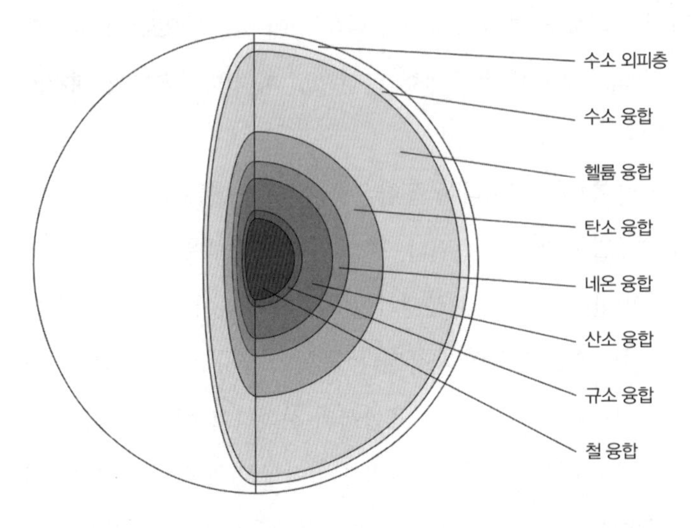

죽음을 앞둔 초거성의 양파 껍질 구조.

호일은 별이 이처럼 양파 껍질 같은 죽음을 맞는 가설을 1954년에 발표했고, 1957년에는 미국의 물리학자 윌리엄 파울러, 영국의 천문학자 제프리 버비지, 영국계 미국인 천문학자 마거릿 버비지와 함께 천체물리학계에서 가장 영향력 있는 논문 중 한 편으로 꼽히는 "항성에서의 원소 합성"을 공동으로 발표했다. 저자들 이름의 머리글자를 합쳐 B^2FH로도 불리는 이 논문은 무거운 원소들의 생성 과정을 다룬 핵물리학자들의 모든 연구와 별에서 무거운 원소들이 이루는 질량비

태양은 약 50억 년 후 적색거성으로 부풀면서 지구뿐 아니라 아마도 화성까지 집어삼킬 테지만 질량이 큰 항성들처럼 양파 껍질 상태에는 이르지 않을 것이다. 태양은 중력이 핵에서 탄소와 산소를 융합하여 더 무거운 원소를 만들 만큼 질량이 크지 않다. 50억 년 후 핵은 온도가 매우 높이 올라가겠지만 장대한 초신성 폭발을 일으키는 대신 거대한 붉은 대기의 외피층들을 서서히 밀어낼 것이다.

에 관한 천문학자들의 연구 그리고 호일의 양파 껍질 시나리오를 아우르는 리뷰 논문이라고 할 수 있다. 이 논문은 죽음을 맞는 별의 각 층에서 일어나는 핵반응을 규명하고 이 과정에서 생성되는 각 원소의 양을 예측한 후 별의 스펙트럼을 천문학적으로 관찰하여 측정한 양과 비교했다. 이 한 편의 논문이 50여 년에 걸친 연구를 간결하면서도 명료하게 정리했다.

B^2FH 논문은 천체물리학계에 엄청난 영향을 미쳤을 뿐 아니라 대중의 관심도 이끌었다. 별이 모든 원소를 만들어 우주로 내보내는 거대한 제철소라면 이는 나와 당신 그리고 지구 전체가 "별 먼지"로 이루어졌다는 뜻이다. "별 먼지"는 무척 시적으로 들리지만, 내가 좋아하는 표현인 "초신성 똥"이 사실은 더 정확한 비유일 것이다. "우리는 모두 초신성 똥으로 이루어져 있다"라는 그리 낭만적이지 않은 문장이 나는 무척 마음에 든다.

1054년에 중국 천문학자들이 기록한 밝은 "객성"의 정체가 바로 초신성이며, 지금도 그 음산한 잔해가 게성운에서 관찰된다. 하지만 감마선을 내보내고 있는 게성운의 가운데에는 무엇이 남아 있을까? 초신성의 외피층들이 모두 우주로 흩어진 후에는 별의 핵에서 어떤 일이 벌어질까? 가차없는 내부 중력에 저항할 무엇인가가 전혀 남아 있지 않다면 어떻게 될까?

블랙홀이 탄생한다.

3

나와 당신 사이를 가로막는 높은 산

만약 내가 물리학 전체를 통틀어 무엇인가를 바꿀 수 있다면, 그 무엇보다도 블랙홀이라는 이름을 바꾸고 싶다. 그러면 당신은 『로미오와 줄리엣*Romeo and Juliet*』의 줄리엣처럼 "이름이 뭐 중요하지?"라고 물을지도 모른다. 그러나 이름은 매우 중요하다. 톨킨이 영어에서 가장 아름다운 단어로 지하실 문을 뜻하는 "cellar door"를 꼽았듯이, 내게 가장 큰 오해와 혼란을 일으키는 단어를 하나 선택하라고 한다면 블랙홀만 한 단어도 없을 것이다. 사람들은 검은 구멍을 뜻하는 블랙홀black hole 하면 몸을 던질 수 있는 깊고 어두컴컴한 우물이나 싱크대 배수구, 심지어는 선원들을 어느새 집어삼키는 바다 위 소용돌이처럼 우주선을 빨아들이는 회오리 같은 형상을 떠올린다.

무엇보다도 걱정스러운 부분은 블랙홀이라는 표현이 무엇인가가 없다는 뜻으로 들릴 수 있다는 것이다. 다시 말해서 건축이나 회화에서 빈 공간이나 여백을 뜻하는 "네거티브 스페이스negative space"를 떠올리게 한다. 아니면 주변을 빨아들이는 무엇인가로 들리기도 한다. 하지만 분명히 밝히자면 블랙홀은 당신이 생각하는 구멍과는 가장 거리가 먼 물체이다. 물질이 가장 높은 밀도로 모여 있는 블랙홀은 무엇인가의 없음이 아니라 모든 것의 있음이다. 내가 떠올리는 블랙홀의 모습은 땅에 난 구멍이 아니라 물질로 이루어진 산에 가깝다.

그렇다면 "구멍"이라는 개념은 어디에서 비롯되었을까? 아인슈타인이 세운 일반상대성 이론에도 어느 정도 잘못이 있다. 일반상대성은 무엇보다도 중력에 관한 이론으로, 우주에 존재하는 물체가 다른 물체에 영향을 주는 방식과 궤도 운동이나 빠른 굴절 같은 물체의 움직임을 설명한다. 그렇다면 당신은 고개가 갸우뚱해질 것이다. 뉴턴이 머리 위로 사과가 떨어졌을 때 이미 다 설명한 것 아니었나? 엄밀히 말하면 그렇다. 뉴턴과 동시대를 산 이들의 말에 따르면 영국의 물리학자이자 수학자인 그는 1660년대에 링컨셔에 있는 자신의 정원에서 사과가 땅으로 떨어지는 광경을 본 후부터 물체를 밑으로 당기는 힘에 대해서 생각하기 시작했다. 그는 사과가 사선으로 떨어지거나 위로 올라가지 않고 언제나 곧장 밑으로 떨어지는 것을 보면서 지구 정중앙이 사과를 끌어당긴다고 추측했다. 당시 뉴턴의 공책을 보면 그가 이를 여러 해 동안 고민했으며 지구 중심에서 나오는 힘이 지구 밖까지 작용하여 달의 궤도 운동을 일으킬 가능성까지 생각했다는 사실을 알 수 있다.

그로부터 거의 20년이 흐른 1687년에 뉴턴은 자신의 가장 큰 업적인 『프린키피아』를 발표하여 운동에 관한 유명한 세 가지 법칙을 제시했다. 첫 번째 법칙은 움직이지 않는 물체는 힘을 가하지 않는 한 영원히 움직이지 않으며 운동 중인 물체 역시 힘을 가해 속도를 늦추지 않는 한 영원히 운동한다는 것이다. 두 번째 법칙은 물체에 가해진 힘은 질량에 속도를 곱한 값과 같다는 것이다(고등학생 때 수없이 외운 F = ma 공식이 떠오를 것이다). 세 번째는 모든 작용에는 같은 크기의 반작용이 일어난다는 것으로[25] 이는 어떤 물체를 당기면 그 물체도 당긴다는 뜻으로 풀이할 수 있다.

그러나 뉴턴은 여기에서 그치지 않았다. 그가 정의한 또다른 법칙인 만유인력의 법칙에 따르면, 우주에 존재하는 모든 입자는 다른 모든 입자를 끌어당기는데 이때 작용하는 힘은 입자의 질량에 비례하며 거리가 멀수록 약해진다(힘의 크기는 거리의 제곱 값에 반비례하므로 조금만 멀어져도 급격하게 약해진다). 그러므로 지금 당신은 중력에 의하여 손에 든 이 책으로 끌어당겨지고 있고 이 책도 당신에게 끌어당겨지고 있지만, 천체물리학적 기준에서 볼 때 당신과 책은 무겁지 않으므로 당기는 힘을 느낄 수 없다(책은 당신을 약 0.000000005N의 힘으로 당긴다. 우리가 음식을 씹을 때 어금니로 일으키는 힘의 크기가 1,000N이다).

뉴턴은 『프린키피아』에서 어떤 보이지 않는 힘이 우주 전체를 가로지르는 매우 먼 거리에서도 작용한다고 설명했다. 당시 많은 과학자와 철학자들은 뉴턴의 주장을 터무니없는 소리라고 비난하며 그를 "오컬트적" 사상에 빠진 괴짜로 취급했다. 하지만 자기력 역시 눈에

---

25 나처럼 뮤지컬 「해밀턴」의 팬이라면 다음에 어떤 말이 나올지 알 것이다. "해밀턴 덕분에 우리의 내각이 산산조각이 났지."

보이지 않아도 우리는 2개의 자석이 서로를 당기는 힘을 느낄 수 있다. 자성의 효과는 고대인들도 알았으며, 영국의 철학자 윌리엄 길버트는 1600년에 지구가 하나의 커다란 자석이라는 사실을 밝혔다. 뉴턴은 보이지 않는 힘들에 대해서 이미 알고 있던 동시대 과학자들이 자신의 이론을 그처럼 격렬하게 반대할 줄은 미처 몰랐을 것이다.

이처럼 뉴턴은 『프린키피아』를 통해서 중력 이론의 틀을 제시하며 과학자로서 세계적인 명성을 얻었지만 중력이 무엇인지, 무엇이 중력을 일으키는지는 설명하지 않아 과학계로부터 큰 비판을 받았다. 중력의 원인이 제대로 밝혀진 것은 아인슈타인이 또다른 중력 이론인 일반상대성을 발표한 200여 년 뒤이다(그렇다고 과학자들이 그사이에 마냥 손을 놓고 있던 것은 아니다!). 뉴턴이 『프린키피아』를 발표한 이후 과학계는 운동과 중력에 관한 법칙들을 결국 받아들였지만 한 가지 문제가 있었다. 뉴턴의 법칙들은 태양을 중심으로 궤도 운동을 하는 행성들의 위치를 무척 정확하게 예측할 수 있지만, 태양과 가장 가까운 수성만은 항상 미세한 오차가 생겼다.

이에 대한 이유는 뉴턴이 눈을 감고도 한참 뒤인 1859년에 프랑스의 천문학자 위르뱅 르베리에에 의해서 밝혀졌다. 르베리에는 이미 1846년에 천왕성의 궤도 운동에서 오차들을 발견하며 천문학계의 폭넓은 지지를 받은 유명인이었다. 그는 천왕성 궤도 밖에 있는 또다른 큰 행성이 오차를 일으킨 것이라고 추측했고, 베를린 천문대에 편지를 보내서 어느 방향을 관측해야 할지 알려주었다. 편지가 도착한 날 밤 베를린 천문대는 르베리에가 지목한 곳으로부터 1도 떨어진 부근에서 해왕성을 발견했다(르베리에의 예측이 얼마나 정확한지 알고

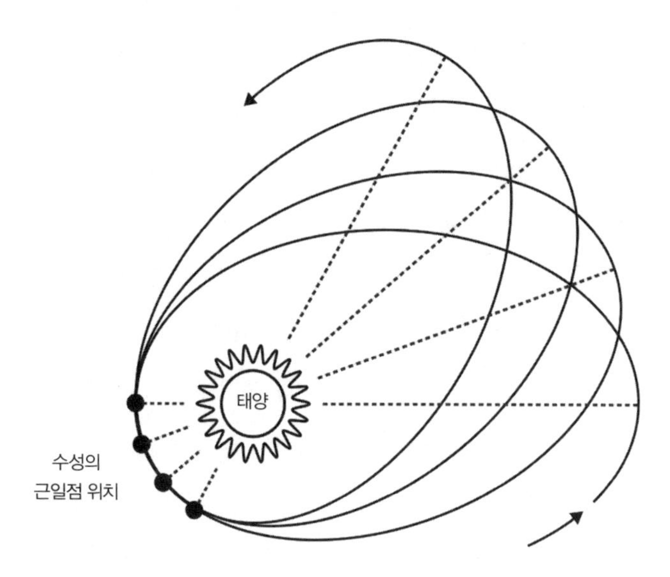

수성 근일점의 세차. 위의 그림에서는 이해를 돕기 위해서 "스파이로그래프" 형태를 과장해서 그렸지만 위와 같은 차이는 수천 년에 걸쳐 일어난다.

싶다면 하늘로 손을 곧게 뻗어보자. 이때 새끼손가락과 얼굴이 이루는 각도가 1도 오차의 크기이다).

당신이라면 아무도 몰랐던 태양계 행성의 존재를 예측하는 데에 성공한 후 어떻게 했을까? 르베리에는 자신이 놓친 무엇인가가 있는 것은 아닌지 확인하기 위해서 태양계의 모든 행성들의 운동과 위치를 예측하기 시작했다. 이 엄청난 작업은 그를 죽는 날까지 쉬지 못하게 했다. 특히 수년 동안 수성에 주목하며 궤도 운동을 연구했고 1859년에는 그동안 축적한 방대한 양의 수성 위치 데이터를 발표했다. 그는 수성의 궤도 운동에 관하여 자신뿐 아니라 다른 과학자들의 예측이 계속 벗어난 원인이 근일점近日點의 "세차운동歲差運動"이라는 사실을 밝혔다.

행성들이 태양을 중심으로 도는 궤도는 완벽한 원의 형태가 아니라 타원이다. 행성들의 타원 궤도는 궤도 중심에서 가장 먼 지점인 원일점(원일점을 뜻하는 영어 단어 "aphelion"에서 "ap-"는 그리스어로 "멀리"를 뜻하고 "-helion"은 태양을 뜻하는 "helios"에서 비롯되었다)과 가장 가까운 지점인 근일점으로 설명할 수 있다.[26] 예를 들면 지구는 매년 1월 5일 태양으로부터 1억4,710만 킬로미터 떨어진 근일점에 자리하고, 7월 5일에는 1억5,210만 킬로미터 떨어진 원일점에 자리하므로 그 차이가 약 500만 킬로미터에 달한다!

지구 궤도에서는 원일점과 근일점의 위치가 변하지 않는다. 하지만 르베리에는 수성이 태양과 가장 가까워지는 지점인 근일점이 궤도를 돌 때마다 일정하지 않다는 사실을 발견했다. 수성의 궤도를 연속해서 따라 그리면 펜을 떼지 않고 궤도가 조금씩 달라지는 원들을 계속해서 그리는 그림 놀이인 스파이로그래프의 형태[27]가 나타난다. 그러나 이는 몇 번에 그치지 않고 여러 차례 반복해야 알 수 있다. 수성은 태양을 한 바퀴 도는 데에 88일밖에 걸리지 않지만 르베리에는 수없이 많은 관찰 끝에야 수성 궤도의 변화를 발견할 수 있었다.

어떤 면에서 보면 수성 궤도에 일어나는 현상은 뉴턴이 예측했던 대로였으므로 그다지 놀랄 일이 아니었다. 크기가 작은 어떤 물체가 거대한 물체와 가까이 있고 그 거대한 물체 주변으로 다른 물체들도 궤도를 돈다면 작은 물체의 궤도는 다른 모든 물체들에 미세하게 방

---

26 원은 근일점과 원일점이 같은 매우 특별한 타원일 뿐이다.

27 스파이로그래프는 내가 어렸을 때 가장 좋아하는 놀이 중 하나였다. 나는 냄새와 색이 다른 젤 펜을 바꿔가며 온갖 형태의 스파이로그래프를 그려댔다.

해를 받는다. 그러므로 수성에서 세차운동이 발생하는 가장 큰 이유는 수성이 태양과 상호작용할 뿐 아니라 수성처럼 태양 주위를 도는 다른 7개의 행성이 끌어당기는 힘에도 영향을 받기 때문이다(게다가 태양계에는 여러 왜소행성, 혜성, 소행성도 존재한다). 그러나 르베리에는 100년 동안 일어나는 수성 궤도의 세차를 뉴턴의 중력 이론 공식으로 계산하면 실제 관찰한 값보다 작다는 사실을 처음으로 지적했다.

르베리에는 170년 넘게 인정받아온 중력 법칙에 문제가 있다고 섣불리 선언하는 대신에 관찰과 계산 사이의 차이를 밝힐 다른 설명을 찾았다. 그중 하나는 태양이 완전한 구체가 아니라 양옆으로 퍼져 있어 두 극이 평평한 납작 회전타원체일 가능성이었다. 실제로 지구도 납작 회전타원체이며 매우 빠르게 회전하는 토성은 적도에 있는 물질들이 바깥 방향으로 부풀어 있다. 회전목마를 탈 때 궤도 바깥으로 튕겨나갈 것 같게 하는 힘이 토성의 적도에도 작용하기 때문이다. 하지만 태양의 형태가 수성의 세차운동에 미세한 영향을 주기는 해도 계산과 관찰의 차이를 설명하기에는 충분하지 않았다. 그래서 르베리에는 수성 궤도 안에서 태양과 훨씬 가까이 궤도를 도는 또다른 행성이 있을 가능성을 살펴보기 시작했다.

르베리에가 해왕성이 천왕성에 미치는 영향을 근거로 해왕성의 존재를 발견한 때가 불과 13년 전이었으므로 그가 수성보다 태양에 가까운 또다른 행성이 있을 가능성을 가장 크게 점친 것은 어떻게 보면 당연한 일이었다. 지금 우리에게는 태양과 수성 사이에 행성이 더 있다는 말이 이상하게 들릴지 몰라도 당시에는 그렇게 터무니없는 생각이 아니었다. 해왕성이 발견된 지 얼마 되지 않은 상황에서 사람들은 또다른 행성도 분명 존재할 것으로 생각했다. 그러므로 19세기 동안 많은 천문학자들이 수성과 태양 사이에 있는 가상의 행성(로마 신화에서 화산, 불, 대장간 일을 관장하는 신의 이름을 따서 불칸으로 불렸다)을 찾는 일에 열을 올렸다.

발견의 주인공이 되고 싶은 욕심에 거짓 주장을 펼친 사람도 많았다. 가령 일식이 일어나면 그전까지는 어떤 행성도 있을 것으로 생각되지 않은 태양과 아주 가까운 위치에서 행성을 관찰했다고 주장하는 사람들이 있었지만 같은 시기에 일식을 관찰한 다른 사람들에게는 그러한 행성이 보이지 않았다. 거짓 주장을 하는 사람들이 제시하는 불칸의 구성과 궤도가 저마다 달랐던 것이다. 이들의 주장이 일치했다면 수성 궤도 안에 다른 행성이 있을 가능성이 그럴듯하게 들렸겠지만, 이처럼 거짓 주장이 쏟아져 나오면서 또다른 행성이 존재할 가설은 그저 가설일 뿐 수성의 기이한 세차운동을 설명할 수 없다는 사실이 얼마 지나지 않아 분명해졌다.

이처럼 다른 모든 선택이 불가능하다고 판명되면서 유일하게 남은 설명은 뉴턴의 중력 이론이 잘못되었다는 것이었다. 이때 등장한 인물이 아인슈타인이다. 아인슈타인은 1910년대에 특수상대성 이론을 세상에 발표하여 우리가 빛의 속도만큼 빠르게 이동하면 시공간에 대한 감각에 어떤 일이 발생할지를 설명했다. 특수상대성 이론은 빠르게 움직이면 시간이 느려지는 시간 팽창time dilation 개념과 빠르게 움직일수록 이동하는 거리가 줄어드는 길이 수축length contraction 개념을 소개했다. 이는 파격적인 이론이 으레 그렇듯이 격렬한 논쟁을 불러일으켰고 많은 의문이 뒤따랐다. 아인슈타인은 자신의 이론에서 미흡한 부분들을 해결하기 위해서 중력을 공간 자체의 휨으로 설명하는 새로운 방식을 제시하기에 이르렀다. 질량이 큰 물체들이 주변 공간을 뒤튼다면 행성과 빛을 포함해서 그곳을 통과하는 모든 물체는 이동 경로가 휜다. 많은 사람들이 이 같은 설명을 들으면 팽팽하게 당긴 천이나 트램펄린 가운데에 놓인 농구공을 떠올린다. 농구공이 놓인 천이나 트램펄린 위로 탁구공을 굴리면 아무리 직선으로 보내려고 해도 굽은 곡선으로 움직인다. 이는 훌륭한 비유이기는 하지만, 인간의 뇌로는 이해하기 힘든 3차원 공간의 휨을 시각화하는 데에는 별 도움이 되지 않는다.

아인슈타인은 1907년부터 1915년까지 일반상대성에 관한 여러 논문을 발표하며 질량이 큰 물체가 어떻게 공간을 휘게 하는지 공식으로 설명했다. 그의 공식들은 여러 질량뿐 아니라 우리가 일상에서 경험하는 속도부터 빛의 속도에 가까운 매우 빠른 속도에 이르기까지 다양한 시나리오에 적용되었다. 아인슈타인은 일반상대성 이론을 태양계에 적용하면 빛처럼 아주 빠르게 움직이지도 않고 질량이 매우 큰 물체와 가까이 있지도 않은 물체에 관해서는 자신의 공식들이 뉴턴의 공식들과 일치한다는 사실을 발견했다. 그러므로 수성의 세차운동에서 발견되는 오류는 뉴턴의 공식들이 잘못된 것이 아니라 특수한 경우를 일반화하여 생긴 오류였다. 수성은 질량이 큰 물체인 태양과 가까이 있으므로 수성의 궤도에 대한 아인슈타인의 공식은 뉴턴의 공식과는 조금 달랐다. 아인슈타인은 이 같은 차이가 행성의 위치 예측, 특히 수성의 근일점에 대한 세차 예측에 얼마만큼 영향을 주는지 계산했다. 계산 결과는 르베리에가 측정한 값과 같았고 이를 자신이 내놓은 새로운 중력 이론의 근거로 삼았다. 그는 새로운 중력 이론의 또다른 증거가 될 다른 두 가지 현상도 제시했는데, 그중 하나는 질량이 큰 물체가 일으키는 적색 편이red shift이고(빛의 파장이 늘어나는 "중력 적색 편이"는 1954년에 최종적으로 승인되었다), 다른 하나는 질량이 큰 물체가 일으키는 빛의 휨이다.

아인슈타인의 시대에는 위의 두 현상 중 빛의 휨만 관찰할 수 있었다. 일식 동안 태양 뒤로 멀리 있는 별들이 내보내는 휘어진 빛을 통해서이다. 일식이 일어나면 낮에도 어두워져서 반년 전 지구가 태양을 기준으로 반대편에 있을 때 밤에만 보였던 태양 뒤편의 별들이 보인다. 이 별들을 밤에 관찰하여 기록한 위치를 일식 동안 기록한 위치와 비교하면 태양이 공간을 휘게 하면서 일어난 빛의 뒤틀림으로 별의 겉보기 위치가 얼마나 바뀌었는지 알 수 있다. 이를 위해서 영국의 천문학자 프랭크 다이슨과 아서 에딩턴(당시 에딩턴은 과학계의 소통이 원활하지 않던 제1차 세계대전 동안 일반상대성 이론을 영어권 세계에 소개하면서 이미 많은 사람들에게 알려져 있었다. 하지만 항성의 연료가 무엇인지를 밝히면서 물리학계의 거장이 된 것은 이후의 일이다)은 1919년 5월에 일어날 일식을 관찰하기 위한 두 차례의 탐사를 계획했다.[28] 첫 번째 탐사에서는 그리니치 왕립천문대의 앤드루 크로멜린과 찰스 런들 데이비드슨이 탐사대를 이끌고 브라질

28 에딩턴은 당시 서른네 살이었지만 탐사 덕분에 제1차 세계대전에서 징병을 피할 수 있었다. 퀘이커 교도였던 그는 양심적 병역거부자였다.

에딩턴과 코팅엄이 1919년에 프린시페 섬에서 관찰한 일식 이미지.

의 소도시인 소브라우를 찾았다. 또다른 탐사대는 에딩턴이 직접 에드윈 코팅엄과 함께 서아프리카의 섬 프린시페를 찾았다.

일식 동안 날씨가 그다지 좋지는 않았지만 탐사대가 확보한 이미지들은 별들의 위치를 기록하기에 충분했고 에딩턴은 별들의 위치 변화가 일반상대성으로 예측한 위치 변화와 일치한다고 선언했다. 관측 결과는 1919년 11월 영국 왕립 자연과학협회 회의에서 발표되었고 이튿날 전 세계 언론매체의 머리기사를 장식했다. 그중 가장 유명한 1919년 11월 10일 자 「뉴욕 타임스*The New York Times*」 보도는 "하늘의 모든 빛은 휘어져 있다.……과학자들은 들떠 있다.……누구도 걱정할 필요는 없다"라고 전했다.[29] 이를 통해서 아인슈타인은 새로

29 신문 머리기사에서 아무것도 걱정하지 말라며 사람들을 안심시키려고 한 사실이 무척 재미있다.

운 중력 이론으로 뉴턴을 "정정한" 인물로서 전 세계에 이름을 알리게 되었지만, 과학계 전반이 일반상대성을 인정하기까지는 좀더 시간이 필요했다.

첫 번째 이유는 한 번의 측정만 이루어진 단 한 번의 실험만으로는 과학자들을 결코 만족시킬 수 없기 때문이다. 실험은 반복되어야 하지만 안타깝게도 일식은 매일 일어나지 않으며 일어난다고 해도 날씨가 도와주지 않으면 아무 소용이 없다. 두 번째로 당시 과학자들은 일반상대성을 아직 제대로 이해하지 못하고 있었다. 일반상대성은 고사하고 물리학에 해박한 번역가도 찾기 어려운 상황에서 다른 국가의 과학자들은 독일어로 작성된 아인슈타인의 논문을 제대로 된 번역문으로 접할 수 없었다.

아인슈타인은 일반상대성 이론을 바탕으로 블랙홀을 예측한 적이 한 번도 없지만(많은 사람들이 그가 블랙홀을 예측했다고 오해하고 있다) 사실 블랙홀에 대한 대략적인 개념은 훨씬 오래 전부터 존재했다. 예를 들면 1783년 영국에서 낮에는 성직자로 활동하고 밤에는 천문학자가 되어 하늘을 관찰한 존 미첼은 빛도 빠져나오지 못할 만큼 질량이 매우 큰 물체를 상상하며 이를 "검은 별dark star"이라고 불렀다. 그는 검은 별이 정말 존재한다면 그러한 별이 눈에 보이는 주변 물체들을 중력으로 끌어당길 것이므로 그 위치를 가늠할 수 있다고도 설명했다.

1915년 독일의 물리학자이자 천문학자인 카를 슈바르츠실트는 일반상대성이 발표되고 몇 달 지나지 않아 의도치 않게 아인슈타인의 공식들을 통해서 처음으로 블랙홀을 수학적으로 규명했다(이에 대해서는 뒤에서 더 자세히 이야기하자). 슈바르츠실트가 제시한 답 중 하나는 모든 질량이 하나의 점으로 붕괴하는 시나리오였다. 이 시나리오에서는 아인슈타인의 공식들 중 많은 항이 무한대가 된다. 슈바르츠실트는 시간마저도 멈추게 하는 이 같은 물체를 "얼음 별frozen star"이라고 불렀다. 하지만 아인슈타인이 중력을 시공간의 휨으로 설명한 방식을 다시 트램펄린에 비유한다면, 밀도가 몹시 높은 물체는 트램펄린을 아주 깊이 가라앉게 할 것이다. 다시 말해서 구멍이 생긴다. 블랙홀과 관련하여 아인슈타인에게 고마워해야 할 일은 분명 많지만 그의 이론이 사람들의 머릿속에 "구멍"의 이미지를 깊이 새겨넣은 것은 무척 원망스럽다.

당시 물리학자들이 슈바르츠실트의 답들을 현실에서는 일어날 수 없는 이론적 호기심의 결과로만 생각한 것은 당연했다. 지금 우리가 "블랙홀"로 일컫는 물체는 "중력에 의해서 붕괴한 별"이나 스위스의 저명한 천문학자 프리츠 츠비키가 1939년에 자신의 논문에서 언급한 "붕괴한 별"로 불렸다. 하지만 스티븐 호킹이 1971년에 발표한 "중력에 의해서 붕괴한 질량이 매우 작은 물체들"이라는 제목의 논문에서는 따옴표가 달린 블랙홀이 발견된다. 그렇다면 1940년대에서 1970년대 사이에 "블랙홀"이라는 표현이 어떻게 해서 생겨난 것일까? 다시 말해서 "블랙홀"의 어원은 무엇일까?

블랙홀이라는 표현을 천문학계에 본격적으로 등장시킨 사람은 미국의 저명한 물리학자 로버트 H. 디키로 추정된다. 불행하게도 디키에게 영감을 준 것은 슬픈 역사에서 비롯된 끔찍한 사건이다. 1961년 댈러스에서 처음으로 열린 상대론적 천체물리학 및 우주론에 관한 텍사스 학술대회에 참석한 사람들에 따르면 디키는 발표를 하는 동안 "중력에 의해서 완전히 붕괴한 별"을 인도 콜카타의 포트 윌리엄에서 "콜카타 블랙홀"로 불리던 지하 감옥에 비유했다고 한다. 콜카타 블랙홀은 4.3×5.5미터 크기로 2인용 침대 3개만 겨우 들어갈 만큼 몹시 비좁았다.

포트 윌리엄은 영국 동인도회사가 콜카타 무역을 위해서 지으려고 한 요새였다. 하지만 요새의 부지였던 벵골 지역의 통치자인 시라지 웃다울라가 요새 건설을 중단시켰다. 그러나 영국군이 명령을 무시하고 건설을 계속하자 웃다울라는 요새를 포위했다. 영국 군인 대부분은 진영을 포기하라는 명령을 받고 탈출했지만 146명은 최후의 방어선을 지키기 위해서 남았다. 1756년 6월에 요새가 마침내 함락되자 남아 있던 영국군은 전부 "블랙홀"에 갇혔다. 몹시 비좁은 공간에 꼼짝도 못 하게 된 군인들 중 많은 수가 질식과 열사병으로 하룻밤만에 목숨을 잃었다. 사망자 수는 기록마다 다르지만, 역사학자들은 64명이 갇혔고 21명만이 첫날밤을 넘긴 것으로 추산한다. 이후 1901년에 "포트 윌리엄 블랙홀 감옥에서 세상을 떠난" 이들을 기리기 위한 기념비가 콜카타 성요한 교회에 세워졌다.

디키는 별에서 물질이 가운데로 밀집하면서 중력으로 붕괴하는 상황을 이처럼 사람들이 감옥에서 압사한 끔찍한 역사적 사건에 빗댔다. 이후 디키의 동료인 미국의 물리학자 추홍이("준항성체"를 "퀘이사quasar"로 처음 일컬은 과학자)가 블랙홀이라는 표현을 재소환했다. 1964년에 그가 과학 저널리스트 앤 유잉이 「사이언스 뉴스레터 *Science News Letter*」 지에 "우주의 블랙홀"이라는 기사를 쓰는 데에 도움을 주면서 "블랙홀"이 처음으로 지면에 등장한 것이다.

그러나 블랙홀을 널리 알려 일종의 비유가 아닌 과학 용어로 자리 매김하는 데에 가장 크게 기여한 사람은 누가 뭐라고 해도 존 휠러이다.[30] 1968년 휠러는 뉴욕에 있는 NASA 고다드 우주연구소에서 "중력에 의해서 완전히 붕괴한 물체"에 관한 자신의 최신 연구 성과를 발표하면서 이 표현이 너무 길어 매번 반복하기가 힘들다고 농담조로 푸념했다. 휠러의 자서전에 따르면 이때 청중 가운데 누군가가 "블랙홀이라는 단어를 쓰면 어떨까요?"라고 제안했고 휠러는 블랙홀이야말로 간결하고 "홍보 가치"가 충분하다고 판단했다. 이후 블랙홀이라는 표현을 본격적으로 사용하기 시작하여 1968년에는 「아메리칸 사이언티스트*American Scientist*」 지에서도 언급했다. 1969년에는 독일의 물리학자 페터 카프카가 처음으로 과학 논문에서 블랙홀을 언급했고, 1971년에 스티븐 호킹을 비롯한 여러 학자들도 그 뒤를 따르면서 블랙홀은 공식적인 과학 용어가 되었다. 이렇게 "블랙홀"이 사람들의 뇌리에 박히면서 훗날 나 같은 과학자를 분노하게 한 것이다.

1960년대에는 지금처럼 천문학의 모든 대상을 알파벳 머리글자로 줄여 말하지 않은 덕분에 "저는 GCCO(Gravitationally Completely Collapsed Object)를 연구합니다"라고 말하지 않는 상황을 다행으로 여겨야 할지도 모른다. 하지만 내게 기회가 있었다면, 나는 블랙홀 대신에 어떤 표현을 썼을까? 내가 휠러처럼 1960년대에 살면서 세상에서 가장 멋진 대상들에 이름을 붙일 만큼 영향력 있는 인물이었다면?

---

30 호일의 "빅뱅" 비유가 결국 과학 용어가 된 과정과 비슷하다.

솔직히 잘 모르겠지만, 블랙홀의 진짜 정체에 대해서 그나마 오해를 덜 일으키는 존 미첼의 "검은 별"을 선택했을 것 같다.[31] 아니면 블랙홀의 본질을 더 잘 설명하는 "산"이라는 표현을 썼을 듯하다. 블랙홀로 "빠진" 물질은 그저 사라지는 것이 아니다. 실제로 블랙홀에서는 물질이 쌓이고 쌓여 태양의 질량보다 1조 배가 넘는 물질이 밀집할 수도 있다. 말 그대로 물질이 산을 이룬다. 단지 빛조차 빠져 나오지 못할 만큼 밀도가 높아서 실제 산처럼 눈으로 볼 수 없을 뿐이다. "어떤 산도 그렇게 높진 않아요"를 부른 타미 테렐과 마빈 게이에게는 미안한 말이지만 어떤 산들은 나와 당신을 갈라놓을 만큼 높다.

---

31 하지만 여기에는 제7장에서야 그 이유가 밝혀질 비밀이 하나 있다. 블랙홀은 사실 검지 않다는 것이다.

4

블랙홀은 왜 “검을까?”

왜 내가 당신에게 다가가지 못할 만큼 산들이 그리 높은지, 근본적으로는 왜 블랙홀이 애초에 “검은색”인지 알려면, 우선 빛 자체를 이해해야 한다. 빛을 이해하기 위한 인류의 역사는 무척 흥미롭다. 유클리드와 프톨레마이오스를 비롯한 초기 철학자들은 우리 눈이 스스로 빛을 내보내서 주변을 본다고 생각했다. 알렉산드리아의 헤론은 이 논리를 발전시켜 우리가 눈을 뜨면 아무리 멀리 있는 별이라도 곧바로 볼 수 있으므로 빛의 속도가 무한하다고 주장했다. 이제 우리는 눈이 스스로 빛을 내는 것이 아니라 간상세포와 원추세포가 빛을 감지하는 것이라는 발견 덕분에 이러한 주장이 시작부터 잘못되었다는 사실을 안다. 하지만 빛의 속도가 무한하다는 생각은 17세기까지도 계속 이어졌고, 수학과 천문학의 거장 요하네스 케플러와 르네 데카르트 역시 빛이 무한히 빠르다고 믿었다.

처음 빛의 속도를 실제로 측정하려고 한 사람은 (1638년에 자신이 만든 망원경으로 목성의 위성들을 발견하면서 유명해진) 갈릴레오 갈릴레이이다.[32] 갈릴레이가 설계한 실험은 1마일 떨어진 언덕 정상을 두 사람이 각각 오르는 것으로 시작한다. 두 사람 모두 꼭대기에 오른 후 한 사람이 천으로 덮은 등불의 덮개를 걷으며 그 시간을 기록했고, 반대편 언덕 꼭대기에 있는 사람은 맞은편에서 등불 빛을 본 시간을 기록했다. 두 사람의 기록은 정확하게 일치했고 당시 많은 철학자들이 이를 빛의 속도가 무한히 빠르다는 근거로 받아들였다. 하지만 정작 갈릴레이는 빛의 속도가 몹시 빨라 1마일의 거리에서는 빛이 출발한 시각과 도착한 시각의 차이를 우리가 식별할 수 없는 것일 수도 있다고 지적했다. 그의 지적은 옳았다. 빛이 1마일을 이동하는 데 걸리는 시간은 0.000005초에 불과하지만 인간의 평균적인 반응 시간(눈이 빛을 감지하여 뇌로 신호를 보내고 뇌가 이를 판단하여 근육에 반응을 지시하는 데에 걸리는 시간)은 약 0.25초이다.[33] 그렇다면 빛은 인간의 반응 시간보다 짧은 약 0.133초 만에 적도를 따라 지구 한 바퀴를 다 돌 수 있다. 따라서 과거의 과학자들이 아무리 멀리 떨어져 측정을 하더라도 빛의 속도를 재기에는 너무 짧은 거리였으므로 빛의 속도를 결코 가늠할 수 없었다.

빛의 속도를 측정하는 데에 실패한 갈릴레이는 이를 포기하고 항

---

32 갈릴레오 갈릴레이는 갈릴레오로만 불리는 경우가 훨씬 많다. 헤라클레스, 부디카, 미켈란젤로, 비욘세 같은 개성이 넘치는 사람들처럼 말이다. 이들이 모여 저녁 파티를 연다면 나도 꼭 같이하고 싶다.

33 다양한 웹사이트에서 당신의 반응시간을 잴 수 있다. 방금 내 반응시간을 다섯 번 재보니(나는 글을 쓸 때 딴짓을 많이 한다) 평균 약 0.263초였다.

해라는 전혀 다른 문제로 눈을 돌렸다. 대서양 횡단이 본격적으로 시작된 그의 시대에는 배가 남쪽이나 북쪽으로 또는 동쪽이나 서쪽으로 얼마나 멀리 있는지에 대한 앎이 삶과 죽음을 결정했다.

누군가가 북쪽이나 남쪽으로 얼마나 멀리 있는지를 뜻하는 위도는 비교적 쉽게 알 수 있다. 적도에서는 정오가 되면 해가 우리 머리 바로 위에 있지만(지구가 태양에 비스듬히 있지 않고 같은 평면에 자리한 춘분과 추분에), 적도에서 북쪽이나 남쪽으로 이동하면 해가 하늘에서 가장 높이 뜨는 지점이 달라진다. 이러한 각도 차이를 통해서 적도로부터 얼마나 떨어져 있는지를 가늠할 수 있다. 하지만 1년 내내 언제라도 이처럼 간단하게 위도를 알 수 있는 것은 아니다. 지구가 약 23도로 기울어진 채 공전하기 때문인데, 이는 계절의 변화가 일어나는 까닭이기도 하다. 그래도 지금이 1년 중 어느 시기인지 대략적으로나마 알 수 있고 정오에 태양이 지평선으로부터 얼마나 높이 뜨는지 측정할 수 있다면 계산이 조금 복잡하기는 해도 우리가 적도에서부터 북쪽이나 남쪽으로 얼마나 멀리 있는지 알 수 있다. 두 가지 모두 가늠하고 측정하기가 그리 어렵지 않다.

그렇다면 우리가 동쪽이나 서쪽으로 얼마나 멀리 있는지를 뜻하는 경도는 어떨까? 지금은 비행기가 착륙하면 친절한 조종사가 승객들에게 손목시계를 조정할 수 있도록 현지 시각을 알려준다. 하지만 그렇지 않더라도 휴대전화의 시간은 현대 기술의 마법 덕분에 자동으로 바뀐다. 예를 들어 런던에서 출발해 뉴욕에 도착했다면 경도가 서쪽으로 75도 달라졌으므로 시계를 5시간 뒤로 돌려야 한다(75도는 지구 한 바퀴인 360도의 약 20퍼센트이고 24시간의 약 20퍼센트는

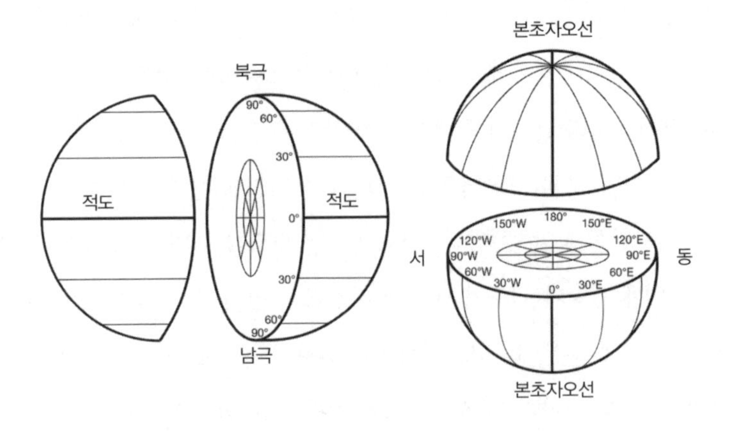

지구의 위도(왼쪽)와 경도(오른쪽).

4.8시간이다). 그러므로 "표준시간대"를 알아야 경도를 계산할 수 있고 17세기 각국의 정부, 국왕, 여왕도 이 사실을 잘 알았다.

문제는 서로 다른 두 곳의 시간을 동시에 잴 수 없다는 것이었다. 리스본에서 대서양 항해를 떠난다면 출발 전에 리스본 시각에 맞춘 시계로 해가 가장 높은 곳에 있는 시간을 기록한 뒤 이후 항해 동안에도 같은 시계로 매일 이를 확인하면 이상적일 것이다. 지금 있는 곳의 정오와 출발했던 곳의 정오 사이의 시차를 계산하면 "표준시간대"와 경도를 알 수 있기 때문이다. 하지만 오차가 적은 기계시계는 18세기에야 발명되었고, 17세기의 유일한 시계 장치였던 해시계로는 태양의 위치를 통해서 지금 있는 곳의 시각만 알 수 있을 뿐 출발지의 시각은 알 도리가 없었다. 영국 정부부터 스페인의 펠리페 3세에 이르기까지 거의 모든 국가가 어마어마한 상금을 내걸고 누군가가 이 문제를 풀어 바다 위에서도 현지 시각을 알 방법을 밝혀주기를 바랐다.

첫 희망의 빛줄기는 갈릴레이와 그의 자랑인 목성의 위성에서 나왔다. 지구 둘레를 28일마다 시곗바늘처럼 도는 달과 마찬가지로 목성의 위성들도 무척 정확한 주기로 공전한다. “갈릴레오 위성”이라고 불리는 가장 큰 4개의 위성은 약 15배율의 일반용 쌍안경으로도 관찰할 수 있는데, 갈릴레이는 이 위성들을 주의 깊게 관찰하며 목성을 한 바퀴 도는 데에 걸린 시간을 기록했다. 이를 위한 간단한 방법은 위성이 목성 뒤로 사라진 후에 반대편에서 다시 나타나는 현상, 다시 말해 지구에서 보았을 때 위성이 목성에 가려지는 식蝕의 주기를 측정하는 것이었다. 식의 주기는 놀라우리만큼 일정했다. 가령 목성에서 가장 가까운 이오Io는 지구의 시간으로 이틀에 못 미치는 42시간마다 공전했다. 그렇다면 예컨대 파리에서 이오의 식이 일어나는 정확한 시점을 예측할 수 있다면, 이를 기준으로 방대한 정보를 얻을 수 있었다.

갈릴레이는 바다 위 어디에 있든 식이 일어난 때를 관찰한다면, 파리의 표준시간대에서 일어나는 식의 예상 시각과 비교하여 경도를 알 수 있다고 생각했다. 그가 1616년경에 이를 스페인 왕궁에 보고했을 때 국왕은 분명 귀가 솔깃했을 것이다. 하지만 두 가지 문제가 있었다. 우선 갈릴레이의 예측은 정확하지 않았다. 이오의 공전 주기 계산이 단 몇 분만 틀려도 경도 오차는 불과 몇 주일이면 순식간에 증가하므로 대서양을 횡단하는 수 개월 동안에는 엄청나게 커진다. 두 번째는 과학자일 뿐 선원이 아니던 갈릴레이는 흔들리는 바다 위에서 망원경으로 목성을 관찰하는 일이 얼마나 어려운지 미처 몰랐다는 것이다. 스페인 국왕이 상금을 주지 않은 것은 당연했다.

이처럼 갈릴레이가 제시한 방법은 바다에서는 별 소용이 없었으나 지도 제작자들이 더 정확한 경도를 알기 위해서 고심하던 육지에서는 그렇지 않았다. 그들이 원한 것은 식의 주기에 대한 좀더 정확한 예측이었다. 그리고 1676년에 올레 뢰머와 조반니 카시니가 돌파구를 마련하는 데에 성공했다. 카시니와 그의 조수인 덴마크 출신의 천문학자 뢰머는[34] 파리 천문대에서 갈릴레오 위성들을 연구하며 식의 주기를 어떻게 더 정확하게 예측할 수 있을지 고민했다. 문제는 측정치가 달마다 달라진다는 것이었다. 카시니와 뢰머는 태양을 돌던 지구가 목성에 가까워질수록 목성 위성들의 식 주기가 짧아지고 지구가 목성과 멀어질수록 길어지는 현상을 발견했다.

카시니는 지구가 목성과 멀어지는 동안에는 식이 일어난 곳에서 출발한 빛이 지구까지 더 먼 거리를 이동하기 때문에 이 같은 현상이 일어나는 것이므로 빛의 속도는 무한하지 않다고 추론했다. 그리고 이러한 해석을 1676년에 학계에 발표했지만, 그 자신도 매우 회의적이었기 때문에 여러 가지 다른 가능성들을 함께 제시했다. 하지만 뢰머는 카시니의 설명을 확신했고 지구와 목성의 상대적인 위치를 바탕으로 이오의 식 주기를 예측하는 방법을 찾아내서 이를 입증하려고 했다. 그는 빛의 속도를 직접 측정하는 대신 기하학에 주목하여 식이 일어나는 시기가 목성과 지구가 이루는 각도에 따라 달라진다

---

34 뢰머에 관한 재미있는 사실 한 가지는 어는점과 끓는점 사이의 온도를 보여주는 현대의 온도계 역시 그의 발명품이라는 것이다.

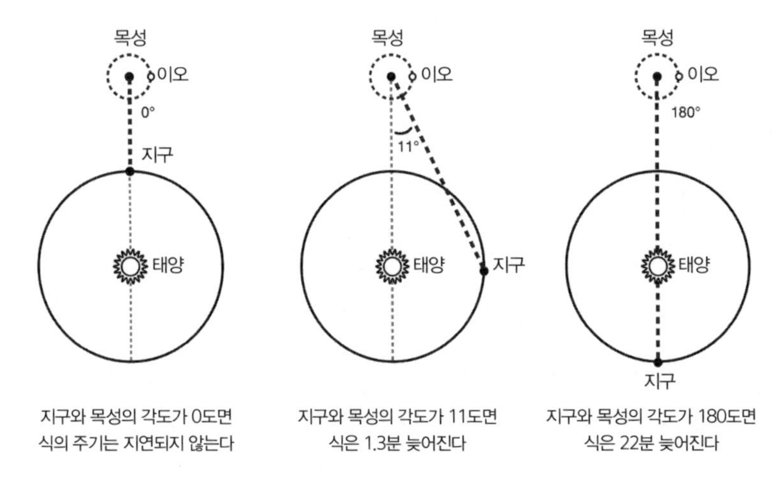

목성 뒤로 이오가 사라지는 식의 주기가 길어지는 현상은 목성과 지구의 상대적 위치 때문이다. 목성과 지구가 이루는 각도를 알면 빛이 더 많은 거리를 이동하면서 일어나는 식의 지연 시간을 계산할 수 있다.

는 사실을 발견했다. 예컨대 지구와 목성이 서로 가장 먼 180도 각도를 이룰 때는 식이 22분이나 늦어져서 지연 시간이 가장 길었고, 이후 점차 가까워져 각도가 작아지면서 지연 시간이 줄었다.

뢰머는 이 같은 식의 지연을 이해하는 데에 무려 8년이라는 시간을 쏟아야 했지만, 결국 식의 정확한 예측을 바탕으로 경도를 계산하는 데에 성공했다. 그가 원한 것 역시 빛의 속도가 아닌 경도의 계산이었다. 뢰머는 자신의 관찰이 빛의 속도가 무한하지 않다는 사실을 증명했다고 믿었으나 실제 빛의 속도가 얼마인지는 계산하지 않았다. 뢰머의 자료로 빛의 속도를 계산한 사람은 네덜란드의 천문학자 크리스티안 하위헌스였다. 하위헌스는 1690년에 발표한 「빛에 관한 논고*Traité de la lumière*」에서 이오의 식이 최대 22분이나 지연되는 것은 빛이 지구가 태양을 도는 공전 궤도의 지름을 지나는 데에 그만큼 시간이 걸리기 때문이며, 이를 통해서 "빛의 속도가 극단적으로 빠르다"라는 사실을 인정할 수밖에 없다고 주장했다.

당시에는 지구가 태양 주위를 도는 공전 궤도의 지름은 지구의 지름을 바탕으로 추정한 것일 뿐 정확한 값은 알려지지 않았으므로 하위헌스는 빛이 1초 동안 지구 지름을 16⅔번 이동한다고 계산했다(이는 음속보다 60만 여 배 높은 값이다). 그렇다면 이는 초당 212,000,000미터가 된다. 하위헌스가 측정한 속도는 (지구 크기에 대한 지구 공전 궤도의 상대적인 크기 오류로 인해서) 현대 과학으로 측정한 빛의 속도인 299,792,458m/s보다 느리고, 오차 범위가 약 30퍼센트에 이른다.[35] 하지만 그의 계산은 인류가 처음으로 측정한 보편적인 상수(우주 전체에서 일정한 값)이기 때문에 과학사에서 매우 중요한 이정표가 되었다.

물론 하위헌스는 빛의 속도가 보편적인 상수라는 사실을 몰랐으며, 이후 두 세기 동안 그의 계산을 더 정확하게 수정한 과학자들도 이를 깨닫지 못했다. 인류는 20세기에 들어서야 우리의 오랜 친구 알베르트 아인슈타인 덕분에 빛의 속도가 우주 어디에서든 같고 우주에 존재하는 모든 사물의 속도가 유한한 이유를 이해했다. 이는 앞

---

35 299,792,458m/s는 이제 빛의 속도에 관한 정의가 되었으므로 우리는 더 이상 빛이 얼마나 빨리 이동하는지 재지 않는다. 빛의 속도는 보편 상수이지만 미터는 인간이 만든 완전히 임의적인 개념이다. 그러므로 우리는 더 이상 빛의 속도를 측정하지 않고 299,792,458m/s로 정의하는 대신에 1미터를 극도로 정밀하게 측정한다.

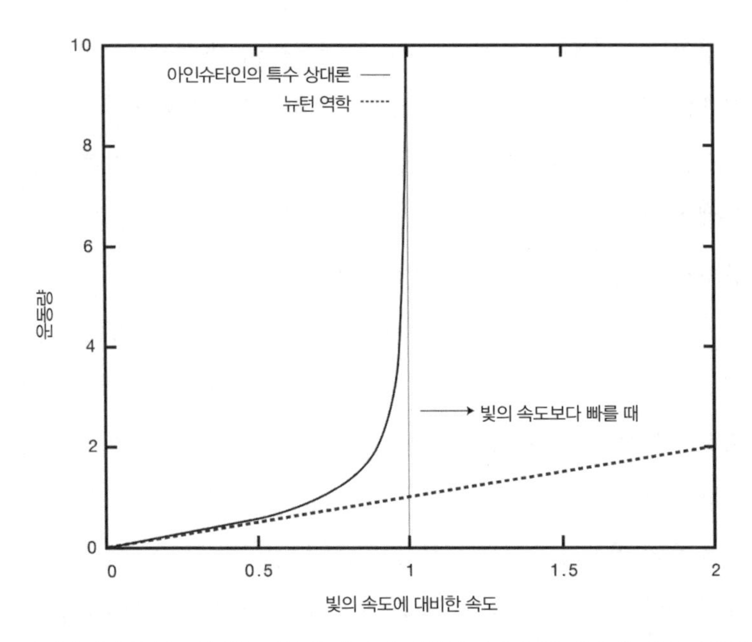

아인슈타인의 특수상대성 이론에 따른 운동량 변화를 뉴턴 역학에 따른 일상적 물체의 운동량에 비교한 그래프. 이것에 따르면 빛의 속도에서는 운동량과 에너지가 무한대를 향하므로 우리는 결코 빛의 속도보다 빠르게 움직일 수 없다.

에서도 언급했듯이 에너지와 질량이 **등가물**, 다시 말해서 같은 대상이라는 그의 가장 유명한 공식인 $E = mc^2$("E는 m에 c의 제곱을 곱한 값")으로 설명할 수 있다. 하지만 이는 아인슈타인이 실제로 제시한 공식을 물체가 움직이지 않는 상황에 한정하여 간단하게 표현한 것이다. 물체가 움직일 때의 공식은 다음과 같다.

$$E^2 = m^2c^4 + pc^2$$

여기에서 p는 운동량이다. 운동량의 본질적인 뜻은 얼마나 많은 질량이 얼마나 많이 움직이는지이다. 운동량이 큰 물체일수록 운동을 멈추기가 어렵다. 우리의 일상에 존재하는 평범한 물체는 질량에 속도를 곱하여 운동량을 계산할 수 있다(한 방향으로 속도를 내는 물체의 경우 p = mv가 된다). 그러므로 운동량을 높여 전체 에너지를 증가시키려면 속도를 올려야 한다. 에너지를 추가로 투입하면 그만큼 속도가 올라가는 상황은 지구에서라면 아무 문제 없이 가능하다.

그러나 앞에서 언급한 아인슈타인의 공식은 물체가 빛의 속도와 비슷한 몹시 빠른 속도로 움직여서 시공간에 대한 우리의 인식이 더 이상 통하지 않는 "상대론적 속도"를 다룬다. 상대론적 속도의 운동량은 우리 일상의 속도보다 복잡하므로 당신이 빛의 속도와 비슷하게 움직인다면 운동량은 더 이상 에너지에 비례하여 상승하지 않는다. 대신 기하급수적으로 증가한다. 빛이 이동하는 속도의 99.99퍼센트로 움직이는 물체의 운동량은 우리가 예상하는 값보다 70배 더 많다. 그리고 빛의 속도로 움직이는 물체의 운동량은 무한하다.[36]

빛의 속도에 가깝게 움직이는 물체는 운동량뿐 아니라 운동 에너지를 포함한 다른 모든 속성도 기하급수적으로 증가한다. $E = mc^2$에서 알 수 있듯이, 에너지와 질량은 원칙적으로 같은 속성이다. 따라서 어떤 물체가 빛의 속도에 다가가면 에너지가 무한대를 향하면서 질량도 무한대로 늘어난다. 이는 당신이 빠르게 이동하면 그만큼 무

36 p = mv 대신 $p = \frac{mv}{\sqrt{1-\frac{v^2}{c^2}}}$로 나타낼 수 있다. 일상적인 속도에서 v^2/c^2은 매우 작은 수이므로 분모가 1에 가깝기 때문에 간단하게 p = mv로 생각할 수 있다. 하지만 속도가 빛과 비슷해지면 소수의 분모로 분자를 나누게 되면서 운동량이 증가한다. v = c가 되면 분자를 0으로 나누게 되므로 운동량이 무한대가 된다.

거워진다는 뜻이다. 다시 말해서 빛의 속도와 가까워질수록 당신의 몸무게가 무한대에 가까워진다. 무한대보다 큰 수는 없다. 빛의 속도보다 조금 못 미치는 속도로 움직이던 당신이 더 빠르게 움직이기 위해서 에너지를 높이더라도 에너지와 질량은 커지지만, 속도는 올라가지 않는다. 이 때문에 어떤 물체도 빛보다 빨리 움직일 수 없다. 따라서 299,792,458m/s가 우주 전체에서 가장 빠른 속도가 된다.

애초에 블랙홀이 존재하는 이유이자 "검은" 이유는 이처럼 빛의 속도가 제한적이기 때문이다. 빛의 속도가 무한하다면 우리는 수많은 물질이 응집한 블랙홀이 실제로 어떤 모습인지 볼 수 있다. 하지만 빛이 블랙홀에 갇히는 이유는 블랙홀의 탈출 속도가 빛의 속도보다 빠르기 때문이다. 어떤 물체가 끌어당기는 중력으로부터 벗어나는 데에 필요한 속도를 탈출 속도라고 하며, 우주에서 질량이 있는 모든 물체에는 탈출 속도가 있다. 지구의 탈출 속도는 안타깝게도 우리가 위로 뛰어오르는 속도나 공을 던졌을 때 공이 이동하는 속도보다 훨씬 빠르기 때문에 오랜 금언이 충고하듯이, **올라간 것은 내려오기 마련이다**. 따라서 로켓이 지구가 끌어당기는 중력에서 완전히 벗어나 태양계의 다른 영역으로 진입하는 데에 필요한 가속도를 내기 위해서는 어마어마한 양의 연료를 태워야만 한다. 당신이 어떤 물체의 영향으로부터 벗어나기 위한 탈출 속도는 물체의 질량과 당신이 물체 중심에서 얼마나 멀리 있는지에 따라 달라지므로 지구 표면에서는 지구로부터의 탈출 속도가 (음속의 약 33배인) 초속 약 11.2킬로미터에 달하지만 달 표면에서는 초속 약 2.4킬로미터에 불과하다.

우주에서 블랙홀의 탈출 속도보다 빨리 움직일 수 있는 물체는 없으며 빛도 블랙홀의 탈출 속도를 이기지 못한다. 그러므로 블랙홀이 엄청난 중력으로 주변 물체에 미치는 영향만 알 수 있을 뿐 실제로 어떤 모습인지는 결코 관찰할 수 없다. 그러나 빛은 블랙홀에 너무 가까이 다가가지 않는 한 빨려들지 않고 에딩턴이 일식 동안에 관찰한 먼 별들의 빛처럼 휘어지기만 한다. 다만 휘어지는 정도가 예측을 뛰어넘을 뿐이다.

블랙홀과 빛의 상호작용이 일으키는 광경은 우리의 두 눈을 의심하게 만든다. 2021년에 천문학자들은 심지어 블랙홀 뒤에서 나오는 빛도 관측할 수 있었다. 내가 이 책을 들고 우주선에 올라 지구에 있는 당신을 볼 수 없고 당신도 나를 볼 수 없는 달 뒤편으로 갔다고 상상해보자. 그런 다음 나는 지금 이 페이지를 펴고 그 위로 손전등을 비춘다. 달은 질량이 몹시 크기 때문에 책에서 반사된 빛은 달 주위를 곡선의 경로로 이동하여 지구에 도달하게 되고 당신은 그 빛을 통해서 이 페이지의 단어들을 읽을 수 있다. 블랙홀도 이처럼 빛을 휘게 하여 우리가 결코 볼 수 없었던 것들을 보게 해준다.

5

중성자 한 스푼이면 무너질 별!

블랙홀을 만드는 방법은 실제로는 다소 어려울지 몰라도 이론적으로는 무척 간단하다. 충분히 많은 물질을 충분히 작은 공간에 밀어넣은 다음 뭉치면 끝이다! 그러면 블랙홀이 만들어진다. 그러나 나의 가느다란 팔로는 물질을 충분히 뭉칠 수 없고 당신 팔도 마찬가지일 것이다. 영국의 유명한 요리 연구가인 메리 베리도 어려울 것이다.

우리에게는 다행스럽게도,[37] 우주에서는 중력 덕분에 여러 과정을 통해서 이 조리법을 비교적 쉽게 따를 수 있다. 중력은 우리의 발을 지구에 묶어놓는 성가신 힘이기도 하지만 우리가 존재할 수 있는 고마운 힘이기도 하다. 본질적으로 중력은 아주 작은 기본 입자든, 2개의 커다란 돌덩어리든 간에 물질들을 뭉치려고 한다. 초기 우주를 지배하며 작은 수소 원자들로부터 최초의 구조물들을 만든 이 힘은 우

---

37 분명 많은 독자들이 "다행스럽다"라는 내 표현에 동의하지 않을 것이다.

리은하 외곽에 흩어져 있던 가스 덩어리들을 지구를 비롯한 태양계의 모든 구성 요소들로 바꿔놓았다.

우주가 시작되었을 때 시공간과 더불어 양성자, 중성자, 전자와 같은 물질의 기본 구성 요소들이 형성되었다. 이후 뜨겁고 조밀한 상태였던 우주가 점차 식으면서 기본 구성 요소들이 서로 뭉쳐 원자가 되었는데, 그중 대부분이 수소 원자였다. 사실 거의 전부가 수소 원자였기 때문에 "수소 수프"만큼 초기 우주의 지루한 균일성을 탁월하게 묘사한 표현은 없을 것이다. 하지만 잊지 말아야 할 사실은 엄밀하게 말해서 **완전히** 균일하지는 않았다는 것이다. 우주가 탄생하고 1초도 채 지나지 않는 사이에 일어난 미세한 양자 요동으로 인해서 우주의 어떤 부분들은 밀도가 미세하게 높았고, 어떤 부분들은 미세하게 낮았다. 그리고 우주가 팽창하여 이 미세한 양자 요동이 연못의 잔물결처럼 퍼지면서 다른 곳보다 수소가 더 많이 생성되는 곳들이 생겨났다.

이미 수소가 조금 더 많았던 곳들에서 수소들이 서서히 뭉치면서 더 많은 수소가 몰렸다. 수억 년의 시간에 걸쳐 만들어진 수소 원자 덩어리의 온도와 밀도가 헬륨 원자를 형성할 만큼 올라가면서 최초의 별들이 탄생했다. 요리에 비유하자면 우주가 모든 재료를 찬장에서 꺼내놓자 양자 요동과 중력이 재료들을 전부 섞었고, 그 다음 최초의 별들이 본격적으로 요리를 시작했다. 초기 별들이 연료가 바닥나 초신성이 되면서 탄소, 질소, 산소, 철과 같은 무거운 원소들을 우주에 퍼트려 순수한 수소 가스를 천문학자들이 **먼지**라고 일컫는 물체들로 오염시킨 것이다. 중력은 이 먼지 가스를 재활용하여 다음 세대의 별들을 만들면서 중력에 의한 응집, 원자 융합, 초신성에 의한 오염이 순환하는 주기가 반복되었다.

이렇게 해서 몇 세대에 걸쳐 별들이 만들어진 끝에 새롭게 탄생한 별들 주위로 중력에 의해서 물질이 뭉치면서 소행성처럼 보이는 단단한 물체들이 형성되었다. 중력이 방해받지 않고 계속 작용하면 이 돌덩어리들은 점점 커져 행성과 위성이 되고 결국에는 태양계 같은 항성계가 형성된다. 안타깝게도 우리가 속한 태양계는 블랙홀이 될 운명은 아니다. 태양은 헬륨, 탄소, 산소가 마구 섞인 핵이 잉걸불처럼 빛나는 백색왜성이 될 것이다.

그렇다면 백색왜성은 왜 블랙홀로 붕괴하지 않을까? 어떤 별이든 초신성에서 블랙홀로 붕괴할 수 있는 것 아닌가? 더 이상 융합이 일어나지 않는다면 우주를 형성한 가차 없는 내부 중력을 막을 수 있는 것은 아무것도 없지 않은가? 모든 별이 블랙홀이 되지는 않는 까닭을 알려면 양성자, 중성자, 전자로 이루어진 원자들의 아주 작은 미시 세계를 이해해야 한다.

인류는 질문하는 법을 깨달은 후로 우주 만물의 구성 요소가 무엇인지 물어왔다. 만물이 더는 나눌 수 없는 작은 입자로 이루어져 있다는 생각은 인도부터 그리스에 이르는 여러 고대 문명에서 시작되었다. 모든 물질의 기본 요소이며 더 이상 나눌 수 없는 입자들은 "원자"라고 불렸고, 이는 그리스어로 "쪼갤 수 없는"을 뜻하는 "atomos"가 그 어원이다. 원자보다 더 작은 물질은 존재할 수 없었다.

원자는 쪼갤 수 없다는 믿음은 종교계와 과학계 모두에서 굳건히 이어졌지만, 19세기 말 사람들을 충격에 빠트린 발견으로 인해서 무너졌다. 1897년에 영국의 물리학자 조지프 존 톰슨(J. J. 톰슨)은 케임브리지 대학교 캐번디시 연구소에서 음극선陰極線이라고 불리는 현상을 실험하고 있었다. 공기 분자를 전부 빼낸 진공관 양 끝에 양극 막대와 음극 막대를 설치하면 음극선이 만들어진다. 진공관은 일반적으로 유리관이며 공기를 약간 남겨놓으면 음극선이 일으키는 미세한 빛이 음극 막대에서 양극 막대로 이동하는 모습을 관찰할 수 있다. 20세기의 구식 텔레비전에는 지금의 네온사인처럼 보이는 이 음극선 진공관이 화면 뒤로 설치되어 있었다.

톰슨은 음극선이 무엇으로 이루어져 있는지 궁금했다. 미세한 섬광이 일어나는 것은 무엇인가가 유리관 속 분자들을 자극해서 빛을 내기 때문이 분명했다. 하지만 그 **무엇인가**가 무엇일까? 음극선을 이루는 미지의 물체의 질량을 측정하던 톰슨은 음극선 입자가 "쪼갤 수 없는" 원자 중에서도 가장 가볍다고 알려져 있던 수소 원자 질량의 1,000분의 1도 되지 않는다는 사실을 발견하고 몹시 놀랐다. 게다가 음극선을 생성하는 금속 막대의 종류에 상관없이 입자의 질량은 항상 같았다. 다시 말해서 음극선 입자들이 나오는 원자의 종류가 달라져도 질량에는 변함이 없었다. 톰슨은 음극선이 음전하를 띠는(음극 막대에서 양극 막대로 이동하므로) 아주 작은 입자들로 이루어져 있고 이 입자들이 모든 원자의 보편적인 구성 요소라는 것 말고는 다른 설명은 불가능하다고 결론 내렸다. 이것들은 원자를 이루는 또다른 **아원자** 입자였다. 원자는 쪼개질 수 있었다.

톰슨이 발견한 입자는 전자electron였고(하지만 그는 처음에는 이를 미립자corpuscle라고 했으나, 다행히 이 이름은 오래가지 않았다)

전자의 발견은 원자에 대한 사람들의 생각을 바꾸었다.[38] 원자를 전자 같은 더 작은 입자로 쪼갤 수 있다면 전자 말고 또다른 구성 요소들은 무엇일까? 원자는 중성으로 알려져 있었으므로 톰슨은 원자에 양전하를 띠는 입자도 존재해야 한다고 생각했다. 이 같은 추론을 바탕으로 1904년에 둥근 빵 같은 양전하 물질에 전자가 건포도처럼 박힌 듯한 "건포도 푸딩" 모형을 발표했다.

그러나 커스터드 크림과 어울릴 듯한 건포도 푸딩 모형은 10년도 지나지 않아 또다른 모형에 밀려났다. 톰슨의 수제자인 뉴질랜드 출신의 물리학자 어니스트 러더퍼드[39]가 건포도 푸딩 모형을 뒤엎는 증거를 제시했기 때문이다. 러더퍼드는 전자가 발견된 1897년에 캐번디시 연구소에서 톰슨과 함께 연구하고 있었지만, 마리 퀴리처럼 앙리 베크렐이 불과 2년 전인 1895년에 발견한 우라늄의 독특한 성질들에도 주목했다. 방사능 물질 시료의 절반이 붕괴하는 데에 걸리는 시간이 항상 같다는 사실을 발견하여 "반감기half-life"라는 용어를 만든 주인공이 바로 러더퍼드였으며, 지질학자들은 반감기를 바탕으로 지구의 나이를 계산할 수 있게 되었다.

러더퍼드는 1907년 맨체스터 대학교로 자리를 옮겨 방사능 원소

---

38 톰슨의 발견이 이루어진 과거 캐번디시 연구소 건물 밖에는 이를 기념하는 현판이 있다. 이 기념 현판이 있는 프리스쿨 가는 시내 중심에 자리한 평범한 거리이지만 대학가의 전형적인 정취를 느낄 수 있으므로 한 번쯤 가봐도 좋을 것이다.

39 흥미롭게도 러더퍼드의 딸인 에일린 메리 러더퍼드는 가스의 이온화 현상이 항성에서 이루어지는 흡수와 관련이 있다는 사실을 발견한 물리학자 랠프 파울러와 결혼했다. 랠프 파울러는 이 장에 다시 등장할 것이다.

가 붕괴하면서 내보내는 물질들을 계속 연구했다. 그는 이미 세 가지 방사선을 발견하여 각각 알파, 베타, 감마(빛의 감마선도 여기에서 비롯된 용어이다)라고 불렀고, 붕괴가 일어나면 원자가 자발적으로 다른 종류의 원자(다른 원소)로 변형된다는 사실을 입증했다. 그는 이 발견으로 1908년에 노벨 물리학상을 받았다. 하지만 과학자로서 받을 수 있는 가장 영예로운 상을 받은 후에도 연구를 멈추지 않았고 몇 년 뒤에는 알파선에 관한 그의 가장 유명한 발견이 이루어졌다.

러더퍼드는 독일의 물리학자 한스 가이거와 함께(방사능 입자를 집계하는 가이거 계수기를 만든 그 가이거이다) 알파선을 이루는 입자들의 전하량이 수소 원자보다 2배 많다는 사실을 입증했다. 이후 영국의 물리학자 토머스 로이즈(러더퍼드보다 한참 어린 로이즈는 올덤에서 나고 자라 맨체스터 대학교에 입학한 맨체스터 토박이이다)와 함께 알파 입자로 헬륨을 만들 수 있다는 것을 증명했다. 이제 우리는 알파 입자가 전자를 제거한 헬륨 원자이므로 양전하를 띤다는 사실을 안다. 러더퍼드는 이를 확인하기 위해서 알파 입자의 전하와 질량이 이루는 비율을 측정하려고 했다(톰슨도 이를 통해서 전자의 속성을 발견했다). 그러려면 알파 입자들을 자기장에서 움직이도록 하여 경로가 얼마나 휘어지는지 측정해야 한다(전하가 클수록 휘어지는 정도가 크고 질량이 클수록 적게 휘어질 것이다). 문제는 당구에서 큐볼이 삼각형을 이루는 다른 공들을 흩어지도록 하는 것처럼 입자들이 공기 중에 있는 분자들과 계속 충돌하여 측정의 신뢰성을 떨어트린다는 것이었다.

전자의 전하와 질량의 비를 측정하던 톰슨도 같은 문제로 고심했지만 성가신 공기를 모두 없앤 완전한 진공 상태에서 실험 전체를 진행하여 문제를 해결했다. 하지만 러더퍼드는 완전한 진공 상태를 만들 필요는 없다고 생각했다. 알파 입자는 전자보다 (약 4,000배) 무거울 뿐 아니라 톰슨의 건포도 푸딩 원자 모형에서 양전하는 한곳에 모여 있지 않으므로 알파 입자처럼 무거운 입자의 경로를 휘게 하지 못할 것이기 때문이었다.

러더퍼드는 한스 가이거와 영국계 뉴질랜드인 물리학자 어니스트 마스든과 함께 알파 입자의 움직임을 조사하기 시작했다.[40] 그들은 알파 입자를 얇은 금박을 향해 발사한 다음 입자가 도달한 곳을 기록했다. 입자 대부분은 아무런 방해도 받지 않고 곧장 포일을 통과했지만 일부는 포일과 닿은 뒤 곡선으로 이동했다. 곡선으로 움직인 입자는 대부분 휘어진 각도가 크지 않았으나 U턴하여 발사된 곳으로 되돌아올 만큼 각도를 몹시 크게 바꾼 입자도 있었다.

1911년 러더퍼드는 이 같은 새로운 정보를 바탕으로 원자의 양전하가 원자 가운데의 작은 공간에 모여 있고 질량이 훨씬 작은 전자들이 그 주위를 돌아야 자신들이 관찰한 현상을 설명할 수 있다고 결론 내렸다. 러더퍼드 모형에 따르면 원자를 이루는 공간 중 99퍼센트가 비어 있으므로 알파 입자 대부분이 금 원자로 이루어진 금박을 직선으로 통과할 수 있었다. 러더퍼드는 이후에도 원자 실험을 계속했고 1920년에 가장 가벼운 원자인 수소 원자에 또다른 아원자 입자로 이

40 마스든은 영국에서 태어났지만, 생애 대부분을 뉴질랜드에서 보냈다. 반대로 러더퍼드는 뉴질랜드에서 태어났지만, 대부분의 삶을 영국에서 살았다.

루어진 핵이 있어야 한다고 결론 내리면서, 이 아원자 입자를 양성자 proton라고 불렀다.

원자는 더 이상 쪼갤 수 없는 물질이 아니라 또다른 입자들이 태양계 행성들처럼 배열된 구조라는 패러다임 전환은 인류가 경험한 가장 파격적인 지식의 전환 중 하나의 출발점이 되었다. 원자 구조의 발견으로 우리는 주기율표와 우리 일상에서 일어나는 화학 반응을 이해했을 뿐 아니라 양자역학이라는 학문도 탄생시켰다.

또다른 노벨상 수상자인 덴마크의 물리학자 닐스 보어는 주기율표의 구조를 연구하면서 전자들이 원자 중심을 둘러싼 "껍질들" 안에서 궤도를 돌고 이 껍질들은 위치에 따라 2개나 8개처럼 특정한 수의 전자로 채워져야 안정되는 모형을 세웠다. 전자의 수가 짝수인 원소가 홀수인 원소보다 안정적이라는 발견으로 시작된 보어의 모형은 이론적 수단이 아닌 화학 실험을 통해서 드러난 모형이었다.

오스트리아의 물리학자 볼프강 파울리는 이를 이론적으로 설명하려고 했다. 왜 같은 궤도를 도는 전자들은 2나 8 같은 특정한 수를 이루려고 할까? 파울리는 양자물리학의 선구자 중 한 명이다. 그의 아버지는 화학자였고 여동생은 작가이자 배우였으며 대부는 초음속 측정 단위인 마하를 고안한 에른스트 마흐였다. 이처럼 대단한 가족 안에서 자란 파울리는 자신도 성공해야 한다는 부담감이 몹시 컸을 것이다. 하지만 그 역시 가족 중 어느 누구 못지않게 큰 성공을 거두었다. 당신이 파울리에 대해서 잘 모른다면,[41] 아인슈타인이 그를 노벨

41 특정한 사람이 주변에만 있으면 실험 기구가 망가지는 현상 역시 그의 이름을

상 후보자로 지명했고 결국 노벨상을 탔다는 사실을 기억해두도록 하자.

1925년에 전자를 양자역학으로 어떻게 규명할 수 있을지 연구하던 파울리는 주기율표 원소들을 전자의 "상태"를 나타내는 네 가지 속성인 에너지, 각운동량angular momentum, 자기 모멘트magnetic moment, 스핀spin만으로 모두 설명할 수 있다는 사실을 발견했다. 그가 발견한 규칙에 따르면 1개의 원자 주위를 도는 2개의 전자는 네 가지 속성에 대해서 같은 값을 가질 수 없다. 파울리의 배타 원리exclusion principle라고 하는 이 규칙은 한마디로 2개의 전자가 같은 양자 준위에 속하지 못하고 네 가지 양자 속성에 대해서 값이 달라지는 현상이다. 주기율표의 모든 원소가 고유한 성질을 지니는 것도 이 같은 이유에서이다. 원자에 속한 전자들이 양자역학으로 정의되는 고유한 배열을 이루고 이 배열은 다른 원소에서는 발견되지 않기 때문이다. 파울리는 이 단순한 규칙이 모든 원자의 구조를 설명할 뿐 아니라 어떤 원자들이 다른 원자들보다 안정적인 이유도 알려준다는 사실을 깨달았다. 이러한 까닭에 물리학자들은 양자역학 책 1페이지면 화학을 전부 설명할 수 있다고 우스갯소리를 하며 화학자들의 심기를 불편하게 한다.

딴 "파울리 효과"라고 불린다. 파울리가 근처에 있을 때 실험이 실패했다는 여러 일화가 있다. 독일계 미국인 물리학자 오토 슈테른은 파울리와 친한 친구였는데도 자신의 실험실에 파울리가 얼씬도 못 하도록 했다고 한다. 내가 볼턴 여자고등학교를 다닐 때 수업 시간마다 시험관과 비커가 깨졌는데, 화학 선생님에게 파울리 효과를 언급했어야 한 것은 아닌지 싶다.

천체물리학에서 파울리의 배타 원리가 작용하는 중요한 현상 중 하나는 수많은 전자가 중력에 의해서 응집하면 전자들이 낮은 양자 상태를 채워 빈 곳을 없애고 남은 전자들이 서로 저항하는 것이다. 이러한 저항은 전자 축퇴압electron degeneracy pressure으로 불리며 1926년 영국의 천문학자 랠프 파울러[42]는 이 같은 새로운 양자역학의 발견을 백색왜성의 밀도라는 수십 년간 풀리지 않던 문제에 적용했다. 백색왜성의 밀도가 약 1,000,000,000kg/m³에 이르는 것은(물의 밀도는 1,000kg/m³이다) 중력이 물질을 강하게 응집하면 전자들이 중력에 저항하기 시작하기 때문이었다. 하지만 과학의 다른 많은 문제들이 그러했듯이, 백색왜성의 밀도 문제에 대한 해답은 또다른 수많은 질문들로 이어졌다. 전자 축퇴압이 내부 중력의 힘에 더 이상 저항하지 못하는 순간이 있을까? 더 단순하게는 백색왜성의 최대 질량은 얼마일까?

이 문제를 푼 사람은 인도 출신의 천체물리학자 수브라마니안 찬드라세카르이다. 찬드라세카르 역시 열아홉 살에 마드라스 대학교 학부 과정 동안 첫 논문을 발표한 천재였다. 그는 자신의 논문을 케임브리지 트리니티 칼리지에 있던 랠프 파울러에게 보냈고 논문을 읽은 파울러는 그를 곧바로 트리니티로 초청해 박사 과정을 밟도록 도

42 에일린 러더퍼드가 누구와 결혼했는지 기억하는가? B²FH 논문의 공동 저자인 윌리엄 파울러와 헛갈리지 말자(56쪽 참조). 제1차 세계대전에 참전한 여러 물리학자들 중 한 명인 랠프 파울러이다. 영국 왕립 해군 포병대에 속했던 그는 갈리폴리 전투에서 어깨를 다쳤고 이후 자신의 물리학적 재능을 대공포 회전의 유체역학을 연구하는 데 활용했다.

왔다(찬드라세카르는 다행히 인도 정부가 제공하는 장학금으로 대학원에 진학할 수 있었다). 찬드라세카르는 인도에서 영국으로 향하는 배 위에서 파울러의 이론을 아인슈타인의 특수상대성을 바탕으로 수정하면 전자의 에너지가 매우 높아져 질량이 증가하기 시작한다는 사실을 발견하여 파울러가 고민하던 백색왜성의 최대 질량 문제를 해결했다. 새로 박사 과정에 입학할 학생이 자신이 몇 년이나 풀지 못한 문제를 풀었다는 소식을 가지고 트리니티에 도착했을 때, 파울러는 감탄을 금치 못했을 것이다. 찬드라세카르는 이후 계속 논문을 수정하여 현재 찬드라세카르 한계라고 하는 백색왜성의 최대 질량을 규명했다. 이는 태양 질량의 약 1.44배이다.[43]

그러나 당시 찬드라세카르 한계는 그것이 암시하는 내용 때문에 천문학계에서 크게 환영받지 못했다. 특히 (어떤 증거도 없는데도 별이 핵융합으로 연료를 얻는다는 사실을 규명하며 물리학계의 저명인사가 된) 아서 에딩턴이 찬드라세카르 한계를 강하게 반대했다. 찬드라세카르가 1933년에 박사 논문을 마치고 겨우 스물셋의 나이에 트리니티의 새로운 선임 연구원으로 선출되기 전 에딩턴 역시 케임브리지에 있었다. 당시 세계적인 석학이었던 쉰하나의 에딩턴은 자신의 영향력을 이용하여 동료들에게 백색왜성의 질량 한계가 불합리하다고 설득했다. 심지어 1935년에 열린 왕립 천문학회에서는 찬드라세카르의 발표가 끝나자마자 찬드라세카르의 이론이 서로 관련이 없

43 찬드라세카르는 1931년 백색왜성의 최대 질량에 관해서 쓴 첫 논문에서 질량 한계가 태양의 0.910배라는 잘못된 결론을 내렸다. 찬드라세카르는 실패하면 언제까지고 다시 하면 된다는 '오뚝이 정신'을 누구보다도 잘 보여주었다.

는 물리학 이론인 상대성과 양자역학을 토대로 하므로 불완전하다고 발표하기까지 했다(파울리는 이 주장이 터무니없다고 직접 언급했다).[44] 에딩턴은 양자 상대성 이론이 있다면 백색왜성이 별의 마지막 진화 단계라는 자신의 이론을 뒷받침할 것이라고 주장했다. 그러면서 "별이 그처럼 말도 안 되는 행동을 하도록 놔두지 않을 자연의 법칙이 분명 존재할 것이다!"라는 유명한 말을 남겼다.

사람들은 나이가 더 많은 에딩턴의 말에 귀를 기울였고 찬드라세카르는 무려 20년 동안이나 그와 싸워야 했지만 1983년에 결국 찬드라세카르가 파울러와 함께 노벨상을 공동 수상하면서 그의 이론이 받아들여졌다(나는 역시 해피엔딩이 좋다). 에딩턴은 찬드라세카르의 이론이 맞다면, 별의 붕괴에 대한 자신의 생각이 틀린 것이 된다는 사실 외에 또 무엇을 걱정한 것일까? 그는 백색왜성을 이루는 물질들이 중력에 의한 붕괴에 저항할 수 없는 질량 한계가 있다는 사실을 불합리하게 생각했다. 그런 한계가 있다면 다음 단계에서는 도대체 어떤 일이 일어날까?

에딩턴의 고민은 1932년에 제임스 채드윅(그 역시 케임브리지 캐번디시 연구소 소속이었다[45])이 중성자neutron를 발견하여 모든 물질

44 당시 왕립 천문학회 회의록을 읽으면 마치 드라마 대본을 보는 것처럼 에딩턴은 학자로서 찬드라세카르를 무자비하게 공격했다. 에딩턴의 행동이 인종차별주의에서 나온 것은 아닌지 의심하는 사람이 많지만, 그는 항성 대기의 기온 변화를 연구한 에드워드 어서 밀른과 현대 우주학의 창시자 중 한 명인 제임스 진스를 비롯해서 자신보다 젊은 과학자들과 충돌이 잦았다.

45 캐번디시에서 이루어지지 않은 연구가 있긴 한 건가?!

을 이루는 3대 기본 구성 요소인 전자, 양성자, 중성자가 전부 밝혀지면서 풀리기 시작했다. 1년 뒤인 1933년에는 독일과 스위스의 저명한 천문학자인 월터 바데와 프리츠 츠비키가 오로지 중성자로만 이루어진 별의 가능성을 제시했다. 백색왜성의 질량이 몹시 커지고 내부로 붕괴하면, 다음 단계에서는 어떤 일이 벌어질지에 대한 설명이 드디어 나온 것이다.

사실 바데와 츠비키는 초신성 잔해라는 전혀 다른 문제를 연구하고 있었다. 백색왜성은 별이 서서히 소멸하면서 형성되지만, 폭발적인 초신성에는 다른 설명이 필요했다. 바데와 츠비키가 제시한 답은 중성자별이었다. 전자의 압력이 백색왜성을 지탱하듯이 중성자별 역시 파울리의 배타 원리에 따라 2개의 중성자가 같은 양자 준위에 있지 못해서 발생하는 중성자 축퇴압으로 유지된다는 논리였다.

그렇다면 당연히 중성자별에도 백색왜성처럼 질량 한계가 있을지에 대한 질문이 이어진다. 질량이 몹시 커지면 중성자 축퇴압은 내부 중력으로 인한 붕괴를 견디지 못할 것이다(에딩턴은 이 같은 생각이 터무니없다고 여겼다). 이 문제를 해결한 사람은 캘리포니아 대학교 버클리 캠퍼스의 물리학자 로버트 오펜하이머[46]와 그의 박사 과정 학생인 러시아계 캐나다인 물리학자 조지 볼코프였다. 1939년에 오펜하이머와 볼코프는 리처드 톨먼의 연구를 바탕으로 중성자별의 최대

46 오펜하이머는 1945년 트리니티 실험에서 인류 최초의 원자폭탄이 터진 광경을 목격한 과학자 중 한 명으로 제2차 세계대전 당시 맨해튼 프로젝트를 이끌었다는 사실로 많은 비난을 받았다. 다시 한번 말하지만, 핵물리학과 중성자에 관한 지식은 다양한 분야에 활용된다.

질량인 톨먼-오펜하이머-볼코프 한계(찬드라세카르 한계의 자매격이라고 할 수 있다)를 계산했다. 이들의 주장에 따르면 이 한계를 넘으면 별이 밀도가 무한히 높은 무한히 작은 점으로 붕괴하는 것을 어떠한 물리학 법칙으로도 막을 수 없다.

에딩턴을 비롯한 많은 과학자들은 여전히 이 같은 주장을 받아들이지 않았고 중력에 의해서 완전히 붕괴한 별(블랙홀)은 물리학에 전혀 부합하지 않은 개념이라고 여겼다. 첫 번째 이유는 중성자별이 발견되지 않았기 때문이며, 두 번째는 질량이 무한히 작은 점으로 응축된 블랙홀이라는 개념이 당시에는 수학자들 사이의 이론적 호기심에 불과했기 때문이다. 태양의 연료가 핵융합이라고 누구보다도 먼저 주장했던 에딩턴이 찬드라세카르의 주장을 받아들이고 파울리의 배타 원리를 적용했다면, 블랙홀의 존재도 처음으로 예견하여 우리의 이야기에서 전혀 다른 역할을 했을지도 모른다. 하지만 천문학계는 에딩턴이 눈을 감은 이후 여러 발견과 관찰이 이루어진 20세기 후반에야 마지못해 블랙홀을 인정했다.

과학자들이 블랙홀을 받아들일 수밖에 없었던 첫 번째 결정적인 사건은 1967년에 케임브리지 대학교 멀라드 전파천문대에서 박사 과정을 밟던 조셀린 벨[47]이 마틴 휴이시와 함께 초마다 진동하는 미지

47 2018년 조셀린 벨 버넬 경은 기초물리학자에게 수여하는 브레이크스루 상(Breakthrough Prize)을 수상하여 300만 달러에 달하는 상금을 받았다. 그는 상금 전액을 "물리학자를 꿈꾸는 여성, 소수 인종, 난민"을 지원하기 위해서 기부했는데, 이는 그의 평소 품성이 어떤지 여실하게 보여준다. 내가 옥스퍼드 박사 과정에 처음 입학했을 때 많은 사람들이 지도교수나 학교 관계자에게 털어놓을

의 전파 신호를 발견하면서 일어났다.[48] 이듬해에는 1054년에 중국의 천문학자들이 기록한 초신성 잔해인 게성운의 중심에서도 같은 전파 진동이 발견되었다. 1970년까지 50곳에서 발견된 이러한 전파 진동에 대해서 여러 가지 추측이 나왔지만 과학자들이 가장 크게 수긍한 설명은 중성자별의 회전이었다. 이처럼 전파를 내보내는 별인 "펄서pulsar"[49]는 별이 어떻게 생을 마감하는지에 관한 퍼즐을 완성할 잃어버린 조각이었다. 안타깝게도 에딩턴은 (1944년 예순하나의 나이에 암으로 눈을 감으면서[50]) 이 같은 중성자별의 발견을 목격하지 못했지만, 다른 천문학자들은 이 발견이 어떤 의미인지 이해했다. 중성

수 없는 고민이나 걱정이 있다면 천체물리학 학부의 '옴부즈맨'인 조셀린을 찾아가라고 알려주었다. 조셀린은 언제나 교수실 문을 열어두었고 찾아오는 누구에게나 다정하게 말을 걸었다. 조셀린과 대화하면 그가 상대방을 진심으로 대하고 있음을 금세 알아차릴 수 있다.

48 마틴 휴이시는 이 발견으로 전파천문학의 선구자인 마틴 라일과 함께 1974년 노벨상을 받았다. 노벨상은 세 명까지 공동 수상이 가능한데도 벨 버넬은 제외되고 휴이시와 라일만 받은 사실을 두고 큰 논쟁이 일었다. 하지만 1977년 벨 버넬은 "노벨상이 아주 예외적인 경우가 아닌 이상 연구생에게까지 수여된다면, 그 가치가 떨어질 텐데 전파 신호 발견이 그런 예외적인 경우라고 생각하지 않는다"라고 말했다. 나는 그의 말에 동의할 수 없다. 과학사는 버넬의 발견이야말로 매우 예외적인 경우였음을 분명히 보여준다.

49 벨 버넬에 따르면, "펄서"는 「데일리 텔레그래프(*The Daily Telegraph*)」의 과학 전문 기자 앤서니 미카엘리스가 만든 단어이다. 그가 인터뷰 동안 준항성체를 "퀘이사"로 줄여 부르는 것처럼, "진동하는 전파 물체"를 "펄서"로 줄여 부르는 것이 어떨지 제안했다고 한다. 이후 펄서라는 단어가 널리 쓰이기 시작했다.

50 헤르츠스프룽-러셀 도표의 헨리 러셀이 「천체물리학 저널(*Astrophysical Journal*)」에 그의 부고를 실었다.

자별이 실제로 존재한다면 블랙홀은 처음 생각처럼 부자연스러운 개념이 아니었다. 1969년에 영국의 물리학자 로저 펜로즈와 스티븐 호킹은 별이 중력에 의해서 밀도가 무한히 높고 크기가 무한히 작은 점으로 붕괴하는 현상이 실제로는 자연의 필연적인 과정이라는 사실을 수많은 수학식으로 입증한 논문을 발표하여 벨 버넬과 휴이시의 펄서 발견을 뒷받침했다.

이 이야기의 대단원은 1972년 오스트레일리아의 천문학자 루이즈 웹스터와 영국의 천문학자 폴 머딘이 장식했다. 웹스터와 머딘은 그리니치 왕립천문대에서 미지의 X선과 전파를 생성하는 백조자리 X-1을 발견하여 이를 논문으로 발표했다. 백조자리 X-1이 자리한 곳과 같은 곳에서 평범한 별 하나가 관측되었고, 이 별의 빛에서 도플러 이동이 일어났다. 도플러 이동은 우리 모두 일상적으로 경험하는 현상이다. 가령 구급차가 다가오면 소리의 파동이 가까워지면서 파장이 짧아져 진동수가 증가하다가 우리를 지나가면 파장이 길게 늘어진다. 이 같은 소리의 변화는 자동차 경주장에서 경주차가 빠르게 지날 때나 육교 아래로 자동차들이 굉음을 내며 다가오다가 지나갈 때도 들을 수 있다. 이런 현상이 일어나는 이유는 소리가 파동이기 때문이다. 빛도 소리처럼 파동이므로 파장이 짧아지고 늘어난다. 빛은 파장이 길수록 붉은색을 띠고(적색 편이) 짧을수록 푸른색을 띤다(청색 편이).

웹스터와 머딘이 관측한 별은 5.6일 주기로 적색 편이와 청색 편이가 번갈아 일어났다. 이러한 현상은 하나의 별에 짝을 이루는 동반성companion star이 있어서 두 별이 둘 사이의 공간 어딘가에 있는 질량 중심을 기준으로 궤도를 돌 때 일어난다. 별이 내보내는 빛의 편이가 얼마나 이루어졌는지를 관찰하면 별이 동반성 주위를 얼마나 빨리 도는지 알 수 있고, 이를 통해서 동반성의 무게를 계산하여 그 크기가 행성만 한지(과학자들은 이러한 방법으로 목성과 비슷한 크기의 행성들을 여럿 발견했다) 아니면 훨씬 큰지를 가늠할 수 있다. 웹스터와 머딘은 자신들이 관측한 별의 동반성(동반성은 실제로 보이지는 않았다)이 이론적인 톨먼-오펜하이머-볼코프 한계보다 질량이 훨씬 크다는 사실을 깨달았고, 이 발견은 과학계를 놀라게 했다. 웹스터와 머딘이 이 같은 측정을 바탕으로 발표한 논문은 "그것이 블랙홀일 것이라는 추측은 불가피하다"라는 문장으로 탁월하게 끝을 맺었다.

이렇게 해서 1970년대 무렵 별이 죽음을 맞는 세 가지 방식인 백색왜성, 중성자별, 블랙홀이 모두 규명되었다. 태양보다 질량이 10배 이상 큰 별이 연료가 다 떨어져 초신성 단계 동안에 중심을 향하는 내부 중력에 저항할 수 없게 되면, 결국 핵이 블랙홀로 붕괴하여 검은 별이 될 수밖에 없다. 지금의 과학자들은 별이 아주 크다면 초신성 단계를 건너뛰고 곧바로 블랙홀로 붕괴하여 얼마 전만 해도 있던 별이 어느새 사라지는 일도 가능하다고 추측한다.

우리는 찬드라세카르 한계를 통해서 백색왜성에 충분한 질량이 추가로 공급되면 중성자별로 붕괴할 수 있다는 사실을 알 수 있다(전자들이 결국 양성자와 결합하여 중성자별의 재료인 중성자가 되기 때문이다). 마찬가지로 톨먼-오펜하이머-볼코프 한계에 따라 중성자별에 충분한 질량이 주어지면 블랙홀이 된다는 사실도 알 수 있다. 실제로 이 같은 현상은 백색왜성이나 중성자별이 다른 동반성과 쌍성계를 이루어 찬드라세카르 한계나 톨먼-오펜하이머-볼코프 한계를 뛰어넘을 만큼 질량을 빼앗아온다면 가능하다. 그러므로 중성자별은 라이츄가 되기 전의 피카츄처럼 블랙홀로 변하기 전의 상태라고 할 수 있다.

그렇다면 시간이 충분하고 태양계 주변에 엄청나게 많은 질량이 떠돈다면, 이론적으로 태양도 어느 시점에는 백색왜성이 되었다가 중성자별이 되고 궁극적으로는 블랙홀이 될 수 있다. 하지만 이는 당신이 아래의 레시피가 완성될 때까지 아주 오랜 시간을 기다린다면 가스가 있는 곳이라면 어디에서든지 일어날 수 있다.

- 오븐을 핵융합 온도로 예열한다.
- 수십억 킬로그램의 물질을 투입한다.
- 붕괴할 때까지 굽는다.

6

"E-S-C-A-P-E"? 에잇, 탈출이라고 쓰여 있는 줄 알았잖아!*

내 생애 최고의 날들은 다른 세계를 여행할 때였다. 그중 10대 때 여행한 그랜드캐니언의 색감, 열기, 숨을 멎게 한 장대함은 아직도 기억이 생생하다. 나는 그 장관을 조금이라도 더 잘 보기 위해서 절벽 가장자리에 최대한 가까이 기어갔다. 끝으로 갈수록 협곡을 더 잘 볼 수 있었기 때문이다. 돌들은 형상이 무척 독특했고 구불구불한 물줄기는 바닥을 지났다. 당연히 부모님은 10대인 나를 두고만 볼 수 없었기에 너무 가까이 가지 말라는 말을 5분마다 했지만, 나는 여느 10대답게 말을 듣지 않으며 부모님을 기겁하게 했다. 부모가 자녀에게 뭔가를 하지 못하게 할 때에는 대부분 그럴 만한 이유가 있는 법이다. 나는 (부모님이 만난 그 누구보다도 덤벙댔을 뿐만 아니라) 한 발짝만 더 다가가면 기나긴 나락으로 떨어질 것이 분명했다.

* 애니메이션 「니모를 찾아서」에서. 이하 * 각주는 모두 옮긴이의 주이다.

내가 그날 그랜드캐니언 밑바닥으로 떨어졌지만 다행히 무사하다고 상상해보자. 절벽을 기어 올라갈 힘이 없어 꼼짝없이 바닥에 갇혔을 것이다. 나는 지금까지 블랙홀이 구멍이 아니라 산이라고 설명했지만, 블랙홀 주변을 감싼 "사건의 지평선event horizon"은 그랜드캐니언의 가장자리로 생각해볼 수 있다. 다만 당신은 물론이고 우주의 그 어떤 존재도 이곳에 떨어지면 아무리 애를 써도 다시는 올라오지 못한다.

당신이 블랙홀로 다가가면 탈출 속도가 점차 증가하다가 빛의 속도에 이르게 된다. 이 지점을 사건의 지평선이라고 부르는데 사건의 지평선이 존재할 수 있는 이유는 그저 그 어떤 것도 빛보다 빠를 수 없기 때문이다. 사건의 지평선은 종종 "돌아올 수 없는 지점"으로 묘사되지만 사실 어떤 **지점**이 아니다. 사건의 지평선은 3차원 구체이며 우리는 이를 슈바르츠실트 반지름Schwarzschild radius이라고 불리는 블랙홀의 "크기"로 정의한다.

독일의 물리학자이자 천문학자인 카를 슈바르츠실트는 제1차 세계대전이 발발했을 당시 포츠담 천체물리학 관측대의 천문대장이었다.[51] (마흔한 살이 눈앞이던) 그는 병역 의무가 없는데도 자원하여 동부 전선과 서부 전선에 모두 참전했다. 하지만 전쟁이 한창이던 1915년에 아인슈타인이 일반상대성 이론을 전 세계에 발표하여 물질이 시공간에 어떤 영향을 미치는지 규명하면서 연구 역시 손 놓고 있을 수만은 없었다. 아인슈타인의 공식들은 몹시 어렵기로 악명이 높

---

51 이는 정말 대단한 일이다.

았고,[52] 심지어 아인슈타인 스스로도 정확한 답을 구할 수 없다고 생각해서 수많은 근사치를 제시했다(예컨대 수성 궤도도 근사치로 설명했다). 하지만 "포기를 모르는 자"라는 표현이 그 어떤 역사적 인물보다 잘 어울리는 독일의 포병 장교 카를 슈바르츠실트는 단념하지 않았다.[53]

슈바르츠실트는 동부 전선에서 통증이 심한 희소 자가면역 질환을 앓으면서도 적과 싸웠고, "틈"이 날 때마다 연구를 계속하여 세 편의 논문을 완성했는데 그중 두 편은 일반상대성에 관한 내용이었다.[54] 그는 좌표계를 달리하는 간단한 트릭을 통해서 회전하지 않는 구체 주위의 중력 크기를 설명하는 아인슈타인의 장 방정식field equation에 대한 정확한 값을 구했다(위치를 계산할 때 일반적으로 적용되는 x, y, z의 좌표 대신에 위도와 경도를 기준으로 삼듯이 반지름과 각도의 극좌표를 사용했다). 그리고 1915년 12월 22일 동부 전선에서 아인슈타인에게 편지를 보내 자신이 구한 답을 알렸다. 그는 편지에서 자신이 포화가 빗발치는 전쟁을 견딜 수 있었던 것은 머릿속으로는 일반상대성 이론에 의한 중력 개념들을 거닐었기 때문이라며 아인슈타인에게 감사의 말을 전했다. 그가 불과 다섯 달 후인 1916년 5월에 고작 마흔둘의 나이로 눈을 감았다는 사실을 떠올리면 몹시

52 전 세계의 물리학 학생들에게는 실망스러운 일이지만 아인슈타인의 장방정식에는 "근의 공식"과 같은 것이 없다. 무척 안타까운 일이다.

53 「해밀턴」 팬이라면 다시 한번 반가울 것이다.

54 "왜 시간에 쫓기듯 써대는 거야?" 「해밀턴」 생각을 도저히 멈출 수 없다. 린 마누엘 미란다(「해밀턴」의 극작가)에게 사랑한다는 말을 전하고 싶다.

안타깝다.

슈바르츠실트는 블랙홀을 설명하기 위해서가 아니라 별이든 거대한 공간에 퍼져 있는 가스의 성운이든 상관없이 구체를 이루는 모든 질량을 설명하기 위해서 아인슈타인의 공식을 푼 것이다. 하지만 그의 답에는 이후 수십 년간 과학자들을 고뇌에 빠트린 한 가지 문제가 있었다. 슈바르츠실트가 제시한 답에 따르면 중력이 무한히 커지는 곳이 두 군데 생겼다. 그의 풀이는 극좌표를 사용했기 때문에 중력의 크기가 중심 지점과의 거리에 따라 값이 달라진다. 그러므로 거리가 같은 모든 점, 다시 말해서 특정 반지름의 구체를 이루는 선들에서는 값이 모두 같다. 그런데 반지름이 0이면 중력의 크기가 무한해진다. 하지만 0보다 큰 곳에서도 중력이 무한해지는 곳이 생기는데, 이 거리는 질량에 따라 달라진다.

이 같은 일이 일어나는 곳을 "특이점singularity"이라고 한다. 이는 "어떤 일이 벌어지는지 알 수 없는 곳"을 거창하게 표현한 수학 용어이다. 정의할 수 없는 지점인 특이점에 대해서 많은 수학자들이 분노하는 이유는 반지름이 0인 지점에서 중력의 크기를 계산하기 위해서는 *심호흡을 크게 하고 마음의 준비를 단단히 하라* 0으로 나누어야 하기 때문이다(나는 나도 모르게 몸을 떤 듯하다). 무엇인가를 0으로 나누는 것은 수학적으로 불가능하지만 우리 같은 물리학자들은 깊이 생각하지 않는다. 어떤 물체가 빛의 속도에 가까워질수록 운동량이 점차 커지듯이 어떤 숫자를 작은 숫자로 나눌수록 답은 커진다. 그러므로 우리 물리학자들은 어떤 숫자를 0으로 나눈 다음 무한대에 이르렀다고 말하는 데에 아무런 거리낌이 없지만, 수학자들이라면 이 방식이 과연 옳은 것인지 끊임없이 논쟁할 것이다. 사실 별을 포함한 대부분의 물체에서는 반지름이 0이 아닌 곳에 또다른 특이점이 나타난다고 해도 그 길이가 아주 짧고 일반적으로 별은 아주 크므로 또다른 특이점은 그다지 문제가 되지 않았다. 이처럼 또다른 특이점이 나타나는 반지름을 이제는 슈바르츠실트 반지름이라고 하지만, 슈바르츠실트 반지름이 결국 **사건의 지평선**이라는 사실은 1960년대가 되어서야 받아들여졌다.

우리가 "사건의 지평선"이라는 표현을 쓰게 된 것은 오스트리아 출신의 물리학자 볼프강 린들러 덕분이다. 린들러는 제2차 세계대전이 발발하기 전에 유대인 어린이들을 구출하는 "킨더 트랜스포트" 작전으로 열네 살의 나이에 오스트리아에서 영국으로 탈출했다. 영국에서 대학까지 마친 그는 1956년 뉴욕 주에 있는 코넬 대학교로부터 일자리를 제안받았다. 그리고 코넬로 옮겨가고 얼마 뒤 런던 대학교에서 진행했던 박사 과정 연구의 결과를 발표하여 전 세계에 사건의 지평선 개념을 소개했다. 그가 정의한 "지평선"은 지구의 지평선 너머로 아무것도 볼 수 없듯이 "관측 가능한 사물들과 관측 불가능한 사물들 사이의 경계"를 의미했다. 그러므로 사건의 지평선은 사건들을 눈에 보이는 것과 그렇지 않은 것으로 나눈다. 린들러의 시적인 표현을 빌리자면 관측 불가능한 사건들은 "[우리의] 관측 능력을 영원히 벗어난 [사건들]"이다.

슈바르츠실트 반지름은 블랙홀을 둘러싼 사건의 지평선이고, 그 너머의 빛은 우리에게 닿지 않으므로 어떤 정보도 얻을 수 없다. 또한 탈출 속도가 빛의 속도보다 빨라진다. 사실 사건의 지평선은 진정한 특이점이 아니다. 그 너머로 어떤 정보도 얻을 수는 없어도 중력의 크기는 다른 좌표계를 사용해 가늠할 수 있기 때문이다. 그렇더라도 슈바르츠실트 반지름은 블랙홀의 중요한 물리적 특성을 나타낸다. 아인슈타인의 일반상대성 공식들에 대한 슈바르츠실트의 답은 궁극적으로 사건의 지평선이 이루는 크기, 다시 말해서 블랙홀 자체의 크기를 말해준다. 그의 답에 따르면 블랙홀의 크기는 오로지 블랙홀의 질량으로 결정된다(빛의 속도와 중력의 전반적인 크기도 영향을 주지만 이 두 요소는 우리가 아는 한 값이 변하지 않는 상수이다). 한마디로 큰 블랙홀일수록 사건의 지평선도 크다.

나는 더럼 대학교에서 물리학 학부생 시절에 처음으로 슈바르츠실트의 풀이를 배웠다. 블랙홀의 크기를 헤아릴 수 있는 무기를 지니게 되고 나서 처음 한 일은, 쉽게 예상할 수 있듯이 나 자신이 얼마나 큰 블랙홀이 될지 계산한 것이었다. 학교를 졸업한 후 치즈를 너무 많이 먹은 탓에 이 책을 쓰는 지금은 몸무게가 많이 달라졌지만, 궁금해할 독자들을 위해서 62킬로그램의 사람이 블랙홀로 붕괴하는 경우를 가정하면, 사건의 지평선 반지름은 약 0.09욕토미터(0.00000000000000000000000009m. 소수점 뒤에 0이 25개이다!)가 된다. 이는 원자 하나보다도 작은 크기이다. 원자 가운데에 있는 핵의 구성 요소인 양성자보다도 작고 심지어 양성자를 이루는 쿼크보다도 작다.

이는 우리의 뇌가 이해하기에는 너무 작은 숫자이므로 지구 전체처럼 큰 물체로 생각해보도록 하자. 지구를 블랙홀로 만든다면 반지름은 손톱 크기에도 못 미치는 0.9센티미터가 된다. 태양을 블랙홀로 만들면 반지름은 2.9킬로미터가 된다. 태양의 현재 반지름은 슈바르츠실트 반지름보다 훨씬 큰 69만6,342킬로미터이다. 하지만 모든 블랙홀은 반지름이 0.09욕토미터든, 0.9센티미터든, 2.9킬로미터든 똑같이 행동하며 탈출 속도는 속도의 최대 한계인 빛의 속도보다 높다.

그렇다면 슈바르츠실트의 해답에서 나타나는 또다른 특이점은 어떠할까? 특이점은 r = 0일 때도 나타난다. 슈바르츠실트 반지름은 진짜 특이점이 아니라 (오로지 문제를 풀기 위해서 사용한 좌표계 덕분에 존재하는) "좌표계 특이점"이지만, r = 0인 지점은 "중력 특이점"으로 불리는 진정한 물리학적 특이점이다. 중력 특이점은 전혀 정의할 수 없고 어떤 정보도 얻을 수 없다. 이 지점에서는 공간의 곡률을 가늠할 수 없으므로 중력의 크기도 알 수 없다. 사실 중력 특이점 자체를 일반적인 "시공간"의 일부로 생각할 수 없다. 그 지점이 어디인지(심지어 언제 존재하는지도!) 정의할 수 없기 때문이다.

이런 사실 역시 적당한 양의 질량이 고르게 분포한 별처럼 슈바르츠실트 반지름보다 훨씬 큰 물체에서는 그리 대수로운 문제가 아니다. r이 0보다 크다면 r = 0일 때의 값을 알 필요가 없으며 중력 크기는 슈바르츠실트가 제시한 아인슈타인 공식의 답으로 충분히 설명할 수 있다. 문제는 핵에 너무 많은 물질이 응집하는 바람에 그 무엇도 내부 중력에 저항하지 못하는 별의 소멸 단계이다. 이 단계에서는 별이 전자 축퇴압은 물론, 중성자 축퇴압도 견디지 못한다. 별은 계속 붕괴하면서 작아지다가 결국 슈바르츠실트 반지름보다도 작아진다. 그러면 어떻게 될까? 별의 붕괴는 우리의 관측 능력을 영원히 벗어나는 사건의 지평선 너머에서 일어날 것이므로 우리는 알 도리가 없다.

중력에 저항하여 별의 붕괴를 막을 물리학적 작용이나 물질은 우리가 아는 한 없다. 별은 밀도가 무한히 높고 크기가 무한히 작아서 r = 0이 되는 정의 불가능한 특이점으로 모든 물질이 응축될 때까지 계속 붕괴한다. 하지만 이는 수학적 설명일 뿐이다. 사건의 지평선은 우리가 블랙홀 "내부"의 진짜 본질을 볼 수 없도록 장막을 친다. "이 검은 별들의 진짜 모습은 무엇일까?"라는 질문은 빛 자체의 속성 때문에 답을 구할 수 없다.

빛은 우리가 주변 세상을 관찰하는 수단이 되어준다. 우리는 별이 내보내는 빛으로 그 밝기를 가늠하고 행성이 반사하는 태양 빛을 통해서 그 위치를 헤아린다. 정보를 전파에 암호화하여 공기를 통해서 보내면 반대편에서 소리로 해독된다. 마찬가지로 인터넷은 정보를 적외선으로 암호화하여 광섬유 케이블로 전송하는 기술이다. 우리는 빛으로 정보를 주고받는다. 그렇다면 블랙홀은 빛을 가두는 감옥일 뿐 아니라 정보와 데이터를 가두는 감옥이기도 하다. 이제 우리는 사건의 지평선 너머에서 물리학적 법칙에 따라 어떤 일이 벌어질지 얼마든지 계산할 수 있지만, 어떤 정보도 얻을 수 없으므로 계산한 예측값이 실제로 맞아떨어질지는 결코 시험할 수 없다.

데이터가 없으면 과학자들은 좌절한다. 그랜드캐니언에 올라 절벽 가장자리까지 갔지만 그 장관을 전혀 볼 수 없다고 상상해보자. 화가 치밀 것이다. 하지만 이에 대해서 우리 천문학자들은 체념하는 수밖에 없다. 수천 년간 부모들을 긴장하게 했을 그랜드캐니언의 절벽 가장자리는 눈에 확실히 보이지만 사건의 지평선은 전혀 볼 수 없다. 블랙홀은 절벽으로 둘러싸여 있지 않다. 모래 위에 그어진 선처럼 분명한 경계도 없다. 심판복을 입은 슈바르츠실트가 스프레이 캔을 들고 경기장 위로 선을 긋지도 않는다. 사건의 지평선은 절대 눈에 보이지 않으며 주의를 기울이지 않으면 그곳에 있는지조차 모른다……. 모험심 넘치는 우주 여행가들은 반드시 명심하도록 하자!

7

블랙홀은 왜 "검지" 않을까?

나는 우리가 밤하늘의 별을 실제로 볼 수 있다는 사실을 떠올릴 때마다 매번 감탄한다. 천문학자가 그런 말을 하는 것이 우스꽝스럽게 들릴지도 모르지만, 나는 정말로 한동안 가만히 앉아 머나먼 곳에서 출발한 별빛이 어떻게 무사히 우리 눈에 도달했는지 생각한다. 다음에 밤하늘을 볼 기회가 있다면 오리온 자리 허리띠에서 3개의 별을 찾아보라. 오리온 허리띠에 있는 별들 중 가장 가까운 별은 지구로부터 1경1,000조 킬로미터에 달하는 1,200광년 거리에 있다. 이는 별에서 출발한 빛이 1,200년 동안 이동한 후에야 우리 눈에 닿았다는 뜻이다.[55] 우리가 보고 있는 별빛은 1,200년 전의 빛일 뿐 아니라 우주

---

55 오리온 허리띠를 이루는 또다른 2개의 별은 각각 1,260광년과 2,000광년 떨어져 있다. 이는 별자리를 이루는 별들이 2차원 밤하늘에서는 가까이 있는 듯 보이지만(구체 내부에 박힌 점들로 보인다) 실제 3차원 공간에서는 말 그대로 수백 광년 떨어져 있다는 사실을 상기시킨다.

의 모든 방향으로 퍼져나간 빛 중 아주 작은 일부가 그 광활한 거리를 가로질러 마침내 우리 눈에 도달한 것이다.

손전등과 자동차 전조등의 빛이 우리와 멀어지면 얼마나 빨리 희미해지는지 떠올려보라. 그리고 수천조 킬로미터 이상 떨어진 별이 환한 가로등 빛을 이기고 침실 창문에서도 보이려면 도대체 얼마나 밝은 것인지도 생각해보자. 이런 이유로 나는 하늘을 올려볼 때마다 숨이 멎는다. 그저 고개를 위로 향하기만 하면 볼 수 있는 아주 작은 빛이 사실은 매우 장대한 거리를 여행해왔다는 사실에 황홀해진다.

우리가 밤하늘에서 볼 수 있는 모든 별은 우리은하에서 지구와 이웃해 있다. 은하 반대편에 있는 더 먼 별들에서 나온 빛은 모두 합쳐져 하늘에 우유를 쏟은 것처럼 반짝이는 큰 물줄기 같아 보인다(은하를 뜻하는 영어 단어 "galaxy"의 어원도 실제로 우유를 의미하는 그리스어 "galakt"이다). 도시의 빛 공해에서 벗어나 까만 밤하늘을 본 사람이라면 은하수가 이루는 아치(우리은하는 모든 별이 태양계 행성들처럼 한 평면에서 궤도 운동을 하는 납작한 나선 형태여서 하늘에서는 띠로 보인다)를 분명 보았을 것이고, 도시의 밤하늘만 본 사람이라면 내가 하는 말을 이해하지 못할 것이다. 1조 개가 넘는 별들로 이루어진 안드로메다 은하는 그보다 더 희미해서 북반구에서는 작은 솜뭉치처럼 보이지만, 실제로 안드로메다 은하의 시직경視直徑은 보름달의 6배에 달한다. 1조 개 이상의 별이 너무나도 멀리 있어 맨눈으로는 겨우 보일 만큼 희미한 것이다.

망원경으로 보는 광경은 전혀 다르다. 17세기에 은하수의 은은한 빛을 망원경으로 비춰본 갈릴레이는 수많은 별들을 보고 몹시 놀랐다. 망원경은 맨눈으로는 잘 보이지 않는 멀고 희미한 물체들을 선명하게 보여준다. 게다가 우리 눈이 인식할 수 있는 가시광선뿐 아니라 전파를 감지하고(벨 버넬과 휴이시가 펄서를 발견했을 때처럼) 에너지가 매우 높은 X선도 찾아낸다.

앞에서 이야기했듯이 X선과 전파 역시 빛이며 스펙트럼의 파장이 다를 뿐이다. 무지개는 빨간색과 보라색에서 끝나는 것이 아니라 우리가 그 바깥에 있는 색을 인지하지 못할 뿐이다. 이는 1867년에 스코틀랜드의 물리학자 제임스 클러크 맥스웰이 "무지개 너머"에 무엇이 있는지 밝히며 알아낸 사실이다. 맥스웰 방정식으로 불리는 그의 공식들은 전 세계 물리학과 학생들이 배우는 기초 지식으로, 빛이 전기와 자기로 이루어진 파동(전자기파electromagnetic wave)이고 그러한 파동이 어떻게 이동하는지 설명하며 빛의 속성을 알려준다. 맥스웰은 가시광선이 파장이 매우 짧은 전자기파라고 결론 내리고 파장이 더 길거나 짧은 다른 속성의 전자기파도 있을 것으로 추측했다.

맥스웰의 방정식은 말 그대로 방정식이다. 다시 말해서 오로지 수학으로만 설명한다. 빛이 정말로 전자기파인지를 증명한 사람은 물론이고 맥스웰이 예측한 대로 파장이 가시광선보다 짧거나 긴 전자기파를 관측한 사람은 아무도 없었다. 하지만 불과 20년 뒤인 1887년에 독일의 물리학자 하인리히 헤르츠가 가시광선보다 파장이 훨씬 긴 전자기파를 발생시키는 장치를 발명했고, 이 전자기파는 이제 전파radio wave라고 불린다. 그리고 이후 몇 년에 걸쳐 전파의 행동이 맥스웰의 예측과 맞아떨어질 뿐 아니라 가시광선과 같은 방식으로 행동한다는 사실을 증명했다. 전파는 반사되고, 굴절하며(예를 들면 공기에서 유리를 지나면서 방향을 바꾼다. 이 현상은 프라운호퍼를 무척 골치 아프게 했다), 회절한다(바다의 작은 만에 퍼지는 파도처럼 장애물 주변이나 뚫린 공간에서 물결을 이루며 퍼진다).

헤르츠는 전파 발생을 처음으로 기록했을 뿐 아니라 빛이 무엇인지에 관한 맥스웰의 공식과 개념을 처음으로 증명했다. 이는 더 많은 전자기파의 발견으로 이어졌고 여기에는 또다른 독일의 물리학자 빌헬름 뢴트겐이 1895년에 뷔르츠부르크 대학교에서 톰슨의 음극선관을 실험하다가 "우연히" 발견한 X선도 포함된다. 음극선은 나중에 톰슨이 밝혔듯이 음전하 금속 막대에서 양전하 막대로 흐르는 전자들의 흐름이다. 두 막대 사이의 전압 차이가 벌어지면 전자의 속도는 무척 빨라진다.

전자는 맨눈으로 볼 수 없는 아주 작은 입자이므로 음극선을 실제로 볼 수는 없지만, 19세기 말 사람들은 전자가 유리관 내부와 충돌하면 빛이 난다는 사실을 깨달았다. 유리에 있는 원자들이 전자의 에너지 일부를 흡수하여 빛을 내기 때문이고 이것이 바로 형광 현상이다.

뢴트겐은 유리관에 구멍을 내면 음극선이 밖으로 나올지 궁금했다(구멍은 빛은 차단하되 전자는 전도할 수 있도록 알루미늄으로 마감했다). 유리관 내부에서 나오는 빛을 두꺼운 검은색 마분지로 장치를 덮어 차단하면 구멍에서 새어 나오는 빛을 관찰할 수 있을 것이라고 예상했다. 뢴트겐은 우선 마분지가 빛을 확실히 차단하는지 확인하기 위해서 알루미늄 구멍도 덮은 후 실험실의 모든 조명을 껐다. 그런 다음 어떤 형광 빛도 새어 나오지 않는 것을 확인한 뒤 흡족해하며 다시 조명을 켜려고 했다. 하지만 유리관으로부터 몇 미터 떨어진 의자 위로 무엇인가가 빛나며 어두운 실험실을 밝히고 있었다. 음극선이 공기를 통해서 이동했다고 생각하기에는 너무 먼 거리였다. 잘 알려져 있다시피 전자는 구리 같은 훌륭한 전도체를 통해서만 이동할 수 있고 우리가 사는 집이 소중한 전기를 효율적으로 나르기 위해서 온갖 구리선(아니면 구리로 감싼 알루미늄선)으로 감겨 있는 것도 같은 이유에서이다.

자신의 눈을 믿을 수 없었던 뢴트겐은 마분지로 감싼 유리관에 전압을 계속 걸어주며 실험을 반복한 끝에 의자 위 빛이 음극선에서 나온 빛이라고 결론 내렸다. 그는 이 형광 빛이 완전히 새로운 종류의 방사선에서 나왔을 것이라고 추측했다. 그리하여 이제까지 보지 못한 이 방사선에 미지의 물질을 뜻하는 고전적인 수학 표기인 "x"에서 착안한 "X선"이라는 이름을 붙였다. X선은 최소한 영어에서는 공식적인 단어로 자리를 잡았으나 유럽의 여러 언어에서는 X선 대신 "뢴트겐 선"이라고 한다.

이후 뢴트겐은 이 새로운 "X선"의 정체를 파헤치기 시작했다. X선은 어떤 물질을 통과할 수 있을까? 얼마나 많은 형광 빛을 낼 수 있을까? 어떻게 발생하는 것일까? 뢴트겐은 이 모든 것을 사진건판으로 기록했다. 초기의 사진은 빛에 반응하는 은염을 도포한 금속판을 빛에 노출시켜 이미지를 생성했다. 빛이 건판에 닿으면 은염이 검게 변했다(지금 우리가 아는 음화陰畫 현상이다). 그의 실험에서 가장 큰 혁신은 납덩어리를 음극선관 구멍 앞에 놓은 모습을 촬영하면서 이루어졌다. 납뿐 아니라 납을 쥔 그의 손도 X선을 차단한 것이다. 사진건판에 나타난 손의 소름 끼치는 내부 모습을 본 뢴트겐은 자신

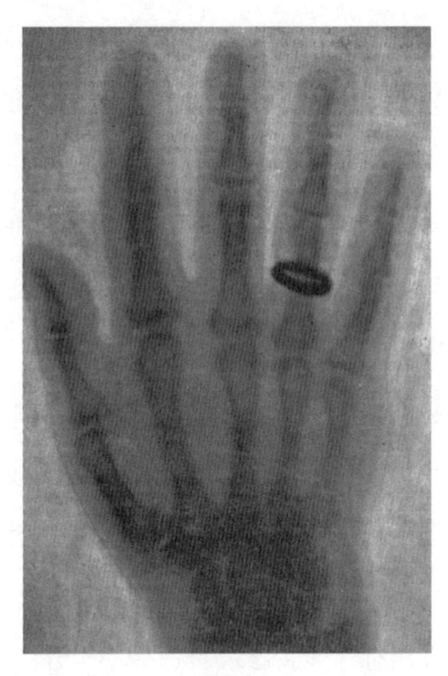

1896년 빌헬름 뢴트겐이 아내 안나 베르타 루드비히의 손을 찍어 세계 최초로 발표한 X선 사진. 뼈와 반지가 있는 부분은 X선을 더 많이 차단하여 어둡게 나타났다. 나머지 배경이 더 밝은 것은 X선이 덜 차단되었기 때문이다.

의 과학적 명성이 위험에 처할 수도 있다는 두려움에 비밀리에 실험을 진행하기 시작했다. 하지만 다른 과학자들 역시 사진건판을 음극선관에 가까이 놓으면 노출이 일어난다는 사실을 깨닫기 시작했다. 예를 들어 미국의 물리학자 어서 굿스피드는 사진건판에 동전 2개를 올려놓고 음극선에 가까이 두면 2개의 까만 원이 나타난다는 것을 발견했다.

뢴트겐은 어떤 물질이 "X선"을 차단하고 차단하지 못하는지 계속 연구했다. 심지어는 자신의 아내 안나 베르타 루드비히를 기니피그로 삼아 그의 손을 찍어 역사상 최초의 의료 X선 이미지를 촬영하기에 이르렀다. 안나 베르타의 뼈와 손가락에 낀 반지는 뼈를 감싼 근육과 피부보다 X선을 더 많이 차단하므로 사진에서 더 어둡게 나타났다. 이런 이미지는 21세기를 사는 우리에게는 무척 익숙하지만(의학 드라마 「그레이 아나토미」의 배경에 X선 사진이 나타나도 시청자들은 눈 하나 깜짝하지 않는다), 안나 베르타는 난생처음으로 손가락뼈 사진을 보고는 "나의 죽음을 보았어!"라고 했다고 한다.

1895년 12월 뢴트겐은 자신의 연구를 발표했고 새로운 방사선의 발견은 대중과 과학계 모두에 크나큰 반향을 일으켰다. 당시에는 거의 모든 물리학자들이 실험실에 음극선관을 갖추고 있었으므로 손쉽게 뢴트겐의 실험을 재현하여 이 신비한 새로운 방사선을 직접 연구할 수 있었다. 하지만 X선이 의학적으로 얼마나 유용할지 내다본 사람은 X선을 발견한 당사자인 뢴트겐이었고, 그는 자신이 아는 모든 의사에게 편지를 보내 X선에 대해서 알렸다. 전 세계 의학계는 1년도 되지 않아 X선으로 몸속에서 총알 조각을 찾고, 골절 부위를 살펴보고, 먹어서는 안 되는 것을 삼킨 사람의 위장 속을 들여다보았다(당시 사람들이 지금보다 덜 예민하기는 했지만 X선 촬영이 빠르게 확산한 것은 강한 X선에 계속 노출될 때 일어나는 위험을 몰랐기 때문이지 위험을 간과했기 때문은 아니다[56]).

X선의 정체가 전자기파라는 사실은 독일의 또다른 물리학자 막스 폰 라우에와 그와 함께 힘든 실험을 수행한 학생들에 의해서 1912년

---

56 1940년대 말까지도 신발 가게에 가면 무료로 발뼈의 모습을 X선으로 촬영하여 보여주었다.

에야 밝혀졌다. 유리관 속 음극선 전자들이 관 구멍을 덮은 알루미늄과 충돌하면서 발생한 X선은 빛의 한 종류이지만 가시광선보다 파장이 훨씬 짧고 유리관을 감싼 마분지를 거리낌 없이 통과했다. 뢴트겐은 X선의 발견이 가져다줄 의학적 혜택을 누구나 누릴 수 있어야 한다는 생각에 특허를 신청하지 않았다. 1901년에 X선의 발견으로 최초의 노벨 물리학상을 수상했을 때에는 5만 크로나의 상금을 뷔르츠부르크 대학교에 연구 기금으로 기부했다.

이처럼 뢴트겐의 발견은 물리학계와 의학계를 뒤흔들었지만 천문학자들에게는 반세기 동안 별다른 영향을 미치지 않았다. 막스 폰 라우에가 뢴트겐의 X선이 빛의 한 종류라는 사실을 밝히면서 하늘에서 X선을 관찰할 수 있을지 모른다는 추측으로 이어지기는 했지만 이는 실현 가능성이 몹시 낮아 보였다. 지구 위 생명체들이 무사할 수 있는 것은 해로운 X선이 가시광선과 전파와 달리 대기에 의해서 대부분 차단되어 지표면에 닿지 못하기 때문이다. 이는 우리에게는 무척 다행한 일이지만 X선이 발견된 지 얼마 되지 않은 20세기 초의 천문학자들에게는 몹시 아쉬운 일이었다.

우주의 천체들이 내보내는 X선을 탐지하기가 가시광선, 자외선, 전파보다 어려운 까닭은 대기 때문이다. 대학교 한구석에서 망원경 부품들을 조립하여 관측해서는 X선을 탐지할 수 없다. X선 탐지기와 함께 망원경을 대기 위로 발사해야 한다. 정부뿐 아니라 민간 기업들도 하루가 멀다고 위성과 우주선뿐 아니라 기이한 전기자동차까지 우주로 쏘아올리는 지금이야 별일 아닌 것처럼 들리지만, 20세기 초 대부분의 천문학자들에게는 X선 천문학이 터무니없는 소리였다.

그러나 리카르도 자코니의 생각은 달랐다. X선으로 물리학 지식의 경계가 달라졌음을 목격한 그는 X선 천문학을 자신의 소명으로 삼았다. 이탈리아 출신의 미국인 천문학자인 자코니는 1954년 밀라노 대학교에서 박사 과정을 마친 후 풀브라이트 장학생으로 선발되어 미국으로 유학을 떠났다.[57] 처음에 그의 마음을 사로잡은 것은 X선 탐지기를 풍선에 달아 높은 고도로 올리는 기술이었다. 하지만 로켓 관측의 시대가 열리면서 풍선의 시대는 막을 내렸다.

1970년대 초까지는 X선 탐지기를 장착해 발사한 로켓이 대기 상층부에 잠시 머물며 X선의 존재를 기록한 후 다시 지상으로 돌아오는 방식으로 탐지가 이루어졌다. 자코니 역시 이 기술을 바탕으로 X선을 탐지했고, 밤하늘에서 아무것도 보이지 않는 곳에도 X선이 있다는 사실을 밝혔다. 그러자 모두가 묻기 시작했다. X선은 대체 어디에서 나오는 것인가?

과학자들은 당혹스러웠다. X선을 만들 만큼 높은 에너지가 생성되는 작용은 많지 않았기 때문이다. 파장이 극단적으로 짧은 X선은 에너지가 몹시 높다. 온도가 매우 높거나 음극선관의 전자처럼 아주 빠르게 움직이는 물체만이 X선을 생성할 수 있다. 섭씨 5,700도에 달

57 풀브라이트 프로그램은 현재 미국에서 가장 대규모의 국제 문화 교류 프로그램으로 지난 60년 동안 155개가 넘는 국가에서 분야를 막론하고 해외에서 공부하거나 가르치고 싶어하는 학생과 연구원에게 29만4,000여 회 장학금을 지급했다. 풀브라이트 프로그램은 무려 88명의 퓰리처 상 수상자, 60명의 노벨 물리학상, 화학상, 의학상, 문학상, 평화상 수상자와 38명의 국가 수장과 UN 사무총장을 배출했다.

하는 태양 표면도 X선을 생성하기에는 충분히 뜨겁지 않다. 하지만 (코로나corona라고 하는) 태양의 상층 대기는 수백만 도에 달하므로 X선을 생성할 수 있다(빛의 파장은 온도에 따라 달라진다는 사실을 기억하라).[58] 태양의 X선은 1949년 미국의 X선 천문학자 허버트 프리드먼이 로켓을 발사하여 발견했는데 태양이 우리 눈에 보이는 하늘에서 X선을 내보내는 물체들 중 가장 밝은 물체이기는 하지만 이는 그저 지구와 무척 가까워서일 뿐이다. 실제로 태양에서 나온 X선은 자코니가 탐지한 X선만큼 강력하지 않았다.

1962년에 자코니는 로켓 기술을 통해서 매우 강력한 X선이 전갈자리 방향으로부터 나온다는 사실을 밝혔다.[59] 당시 로켓에 탑재된 X선 탐지기의 기술로는 X선의 발생 위치가 달은 절대로 아니라는 사실 이상을 밝히기가 어려웠다. 자코니는 X선이 태양계 바깥에서 처음 발견되었음을 전 세계에 알렸다. 이후 로켓 발사가 여러 차례 이어지면서 X선의 발생 위치가 V818 전갈자리로 불리는 별 주변으로 좁혀졌고 이처럼 전갈자리에서 X선을 발생하는 것으로 밝혀진 항성

---

58 태양 대기가 표면보다 훨씬 뜨거운 이유는 잘 알려져 있지 않다. 태양 자기장이 원인이라는 주장부터 태양 표면의 작은 흑점들에서 방사선이 빠져 나온다는 가정에 이르기까지 다양한 가설이 존재한다. 우리가 광활한 우주에 관해 수많은 사실을 밝혔지만, 태양에 관해서조차도 아직 모르는 것이 많다는 사실을 새삼 깨닫게 된다.

59 별자리를 이루는 별들이 오리온 허리띠에 있는 별들처럼 실제로는 수 광년 떨어져 있다는 사실을 잊지 말자. 지구에서 하늘을 바라볼 때 하나의 별자리에 속한 별들이 같은 방향에서 보인다고 해서 서로 가까이 있는 것은 아니다. 별자리는 그저 천문학자들이 하늘을 관찰할 때 천체들의 전반적인 방향을 알기 위해서 표시한 이정표일 뿐이다.

계는 전갈자리 X-1으로 불렸다. 천문학자들은 태양처럼 다른 별들의 상층 대기에서도 X선이 나올지 논의한 끝에 그럴 가능성이 크다고 결론 내렸고, 이 같은 생각은 몇 년 동안 이어졌다.

그러나 1967년 소비에트연방의 천문학자 이오시프 시클롭스키(그의 출생지는 지금의 우크라이나에 속한다)가 이에 반기를 들었다. 그는 별이 높은 에너지의 X선을 내보낼 만큼 온도가 높지 않다는 사실을 지적했다. 시클롭스키는 1962년 우주의 지적 생명체에 관한 책을 모국어인 러시아어로 발표한 뒤 1966년에 칼 세이건과 함께 이를 영어로 재출간하면서 과학계뿐 아니라 대중 사이에서도 널리 알려진 유명인이었다.[60] 그는 칼 세이건, 이탈리아의 물리학자 주세페 코코니, 미국의 천문학자 필립 모리슨과 프랭크 드레이크(드레이크 방정식을 만든 그는 세실리아 페인가포슈킨의 학생이었다)와 함께 지구 밖의 지적 생명체에 관한 연구의 선구자로 꼽힌다.

시클롭스키는 1967년까지 30년간 천문학자로 활동하면서 화성의 위성들이 그리는 궤도와 외계 생명체도 연구했지만, 그가 주목한 것은 (게성운 같은 초신성 잔해부터 태양의 상층 대기에서 나오는 X선에 이르는) 고에너지 천체물리학 현상이었다. 그러므로 그가 전갈자리 X-1에 대해 제시한 새로운 설명은 당시에는 순전히 이론적인 가정처럼 보였음에도 많은 사람들이 여기에 귀를 기울였다. 그는 X선을 생성할 만큼 에너지가 높은 것은 중성자별처럼 강착("강착降着, accretion"은 물질이 서서히 증가한다는 뜻의 물리학 용어이다)이 일

60 시클롭스키와 세이건 둘 다 우크라이나 출신의 유대인이다.

어나는 높은 밀도의 물체뿐이라고 결론 내렸다. 시클롭스키가 이를 1967년 4월에 논문으로 발표하고, 7개월 뒤에 조슬린 벨 버넬이 자신의 데이터에 나타난 이상 신호를 통해서 처음으로 중성자별을 발견했다.

시클롭스키는 위의 사실을 어떻게 깨달았을까? 물리학자들은 유동체(액체와 기체)의 행동 방식에 관한 수학 공식들을 통해서 기체가 매우 빠르게 움직이면 온도도 그만큼 매우 높아질 수 있다는 사실을 오래 전부터 알고 있었다. 또한 매우 빠르게 움직이는 기체가 이를테면 무엇인가를 중심으로 궤도를 돌듯이 한 방향으로 움직이면 공 모양의 피자 반죽이 공중에서 돌면서 평평해지는 것처럼(물론 나처럼 매번 반죽을 바닥에 떨어트리지 않는 실력 있는 요리사 이야기이다) 원반 형태를 띤다는 사실도 알아냈다. 시클롭스키는 하늘에서 탐지된 X선의 에너지를 설명할 수 있는 유일한 시나리오는 밀도가 매우 높은 전갈자리 X-1이 전갈자리 V818 주위를 돌며 물질을 빼앗는 것이라고 주장했다. 그러면서 빼앗은 물질의 속도를 높여 주변에 강착 원반을 형성하는 중성자별만이 물질의 온도를 X선이 방출될 만큼 매우 높이 상승시킬 수 있다고 설명했다.

이후 조슬린 벨 버넬이 펄서를 발견하고 펄서가 결국 중성자별임이 밝혀지면서 전갈자리 X-1에 대한 시클롭스키의 가설은 무척 설득력 있게 들리기 시작했고, 1970년대 초 과학계는 마침내 그의 이론을 받아들였다. 1970년대는 우주망원경이 탄생하면서 X선 천문학 분야가 크게 도약한 시기대이다. 과학자들은 로켓을 발사하는 대신에 인공위성에 X선 탐지기를 장착하여 쏘아올리기 시작했다. 1970년

12월 최초의 천문학 연구용 인공위성인 우후루 호가[61] 하늘을 탐사하여 X선이 나오는 곳들을 탐지했는데, 그중 많은 수가 일반적인 별들의 위치와도 일치했고(제5장에서 이야기한 블랙홀의 최초 후보였던 백조자리 X-1도 포함된다) 펄서처럼 새로 발견된 전파의 발원지와도 일치했다.

예를 들면 센타우루스 X-3(남반구 하늘에서 관측되는 센타우루스 자리에서 세 번째로 발견된 X선 광원)은 X선 탐지로 처음 발견되었으나 이후 크셰민스키 항성(폴란드 천문학자 보이치에흐 크셰민스키가 발견했다)이라고 불리는 별 주위를 돌며 전파를 내보내는 펄서로 밝혀졌다. 과학자들은 센타우루스 X-3도 다른 많은 X선 발원지처럼 시클롭스키가 제시한 강착을 통해서 X선 에너지를 발생시킨다고 믿었다. 센타우루스 X-3의 경우 밀도가 높은 물체는 전파 펄서로 분명하게 감지되는 중성자별이다. 하지만 백조자리 X-1처럼 강착이 일어나는 중성자별의 X선 에너지보다 훨씬 큰 에너지가 발생하는 경우도 있었는데, 이처럼 매우 높은 에너지는 중성자별의 최대 질량인 톨먼-오펜하이머-볼코프 한계를 훨씬 뛰어넘는 무엇인가로만 설명이 가능했다. 그렇다면 백조자리 X-1의 동력은 블랙홀의 강착일 수

---

61 우루후는 스와힐리어로 "자유"를 뜻한다. 과학자들은 몸바사 인근 지역에서 위성을 발사한 후 케냐에 고마움을 표현하기 위해서 "우루후"라는 이름을 붙였다. 우주선 발사는 적도와 가까운 곳일수록 좋다. 적도는 극지방보다 빠르게 회전하므로 추진 에너지를 더 많이 얻을 수 있기 때문이다. 또한 지구 자전 방향을 고려하면 동쪽과 바다를 면한 지역 역시 우주선 발사 지역으로 좋은 곳이다. 잘못되더라도 우주선이 육지가 아닌 바다로 떨어지기 때문이다.

밖에 없었다.

이러한 배경에서 1970년대 중반에 러시아의 천체물리학자 니콜라이 샤쿠라, 라시드 수냐예프, 이고르 노비코프와 미국의 이론물리학자 킵 손이 블랙홀 주위로 궤도를 도는 가스가 블랙홀(또는 또다른 고밀도 천체)의 질량에 따라 온도가 약 1만 켈빈에서 약 1,000만 켈빈까지 상승하는 모형을 처음으로 만들었다. 강착은 궁극적으로 질량을 빛 형태의 에너지로 바꾸고(질량과 에너지가 서로 등가물이라는 사실을 잊지 말자) 질량이 에너지로 전환되는 과정은 별 내부에서 핵융합이 일어나는 원리이기도 하다. 하지만 강착은 핵융합보다 훨씬 효율적이다. 별 안에서 수소 1킬로그램이 핵융합을 하면 질량의 0.007퍼센트만 방사선으로 방출된다. 한편 블랙홀이 수소 1킬로그램을 강착하면 강착 원반에서 블랙홀을 향해 소용돌이치던 수소 질량 중 10퍼센트가 빛으로 발산된다. 바로 이 과정이 우리 이야기의 열쇠이다. 사건의 지평선에서 한참 떨어진 강착 원반에서 나온 빛 덕분에 우리는 블랙홀을 탐지할 수 있다.

이처럼 우리는 X선 탐지를 통해서 죽은 별인 블랙홀이 우리은하를 이루는 수많은 별들 사이에 숨어 있다는 사실을 알 수 있다. 하지만 블랙홀은 우리가 언뜻 생각하는 것과 달리 자신이 숨어 있다고 말하지 않을 것이다. 크리스마스트리처럼 자신을 감싼 물질을 환히 빛나게 하기 때문이다. 블랙홀은 강착 때문에 전혀 "검지" 않을 뿐 아니라 우주 전체에서 가장 밝은 존재이다. 그러므로 지금 당신이 읽고 있는 이 책은 로버트 H. 디키가 말한 "검은 구멍"이 아니라 눈이 멀 만큼 환하게 빛나는 산에 관한 책이다.

8

둘이 하나가 될 때

밤하늘이 멋진 이유 중 하나는 누구나 즐길 수 있다는 것이다. 물론 날씨가 궂은 곳에 있는 사람은 그럴 수 없지만, 하늘만 맑다면 망원경이 있든 없든 누구나 머리 위로 보이는 물체를 관찰하고 관찰한 대상을 과학적 방법을 통해서 설명할 수 있다. 게다가 이는 기술이 발전하면서 그 어느 때보다도 쉬워졌다. 애플리케이션을 통해서 관측 대상이 무엇인지 정확히 알 수 있을 뿐 아니라 망원경과 카메라만 있다면 뒷마당에서도 20세기 초의 천체물리학자들이 꿈꿨을 멋진 사진을 찍을 수 있다. 기술의 발전은 우리에게 빛 없이도 "볼" 수 있는 능력을 선사했다. 완전히 새로운 방식으로 말이다.

태양과 같은 별들은 대부분 홀로 발견되지 않는다. 태양과 비슷한 별들 중 절반 이상은 다른 별 주위에서 궤도를 돌기 때문에 우리의 태양은 무척 특이한 경우이다. 다시 말해서 다른 많은 별들은 2개의 별이 하나의 **질량 중심**을 기준으로 궤도 운동을 한다. 두 별의 질

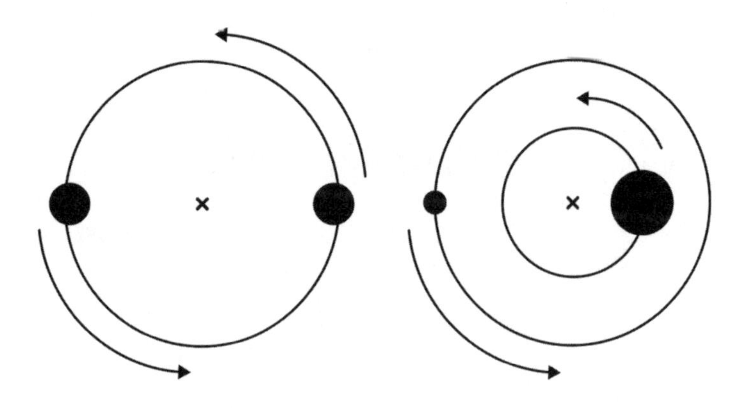

질량이 같은 2개의 별(왼쪽)과 질량이 다른 2개의 별(오른쪽)이 X로 표시한 질량 중심을 도는 모습.

량이 같다면 질량 중심이 가운데에 자리하여 두 아이가 손을 잡고 돌 때처럼 정확한 등거리로 같은 궤도를 돈다. 한편 하나의 별이 다른 별보다 무겁다면 질량 중심은 가운데에서 벗어난다. 2개의 별이 시소를 탄다고 상상해보자. 별 하나가 더 무겁다면 축을 무거운 별 쪽으로 옮겨야 균형을 맞출 수 있다. 이 지점이 두 별이 궤도를 도는 질량 중심이 되므로 무거운 별은 느린 속도로 짧은 궤도를 돌고 가벼운 별은 빠른 속도로 훨씬 긴 궤도를 돌아야 한다.

공통의 질량 중심 주위를 도는 2개의 별을 쌍성계라고 하지만, 또 다른 별이 더 돈다면 3중성계가 되고 두 쌍의 별이 같은 질량 중심을 돈다면 4중성계가 된다. 내가 이 글을 쓰고 있는 지금까지 발견된 항성계 중에는 무려 7개의 별로 이루어진 것도 있다. 전갈자리 누Nu와 카시오페이아 자리 AR이 현재까지 발견된 7중성계이다.[62] 카시오페

62 안타깝게도 전갈자리 누와 카시오페이아 자리 AR은 맨눈으로는 잘 보이지 않

이아는 3중성계 주위를 도는 쌍성계를 또다른 쌍성계가 돈다. 전갈자리 누는 4중성계 주위를 3중성계가 도는 보다 단순한 구조이다.

질량이 큰 별일수록 다른 별과 함께 다중성계를 이룰 확률이 높다. 크기가 매우 작은 적색왜성(질량이 무척 가볍고 희미하지만 우리은하의 별들 중 약 85퍼센트를 차지한다[63])은 25퍼센트만 동반성이 있지만, 삶이 끝나면 블랙홀로 붕괴할 만큼 질량이 몹시 큰 별은 80퍼센트 이상이 동반성이 있다. 질량이 큰 별은 한곳에 많은 양의 가스가 있어야 생성되므로 대부분 하나의 거대한 가스 구름으로 형성된 별들의 커다란 무리 사이에서 탄생한다. 그러므로 천문학적 기준에서 "좁은" 공간에 많은 별들이 밀집해 있다면, 다중성계를 이루는 질량이 큰 별일 확률이 높다.

질량이 아주 큰 별들은 앞에서 이야기했듯이 연료가 금세 바닥나기 때문에 짧고 굵은 삶을 산다. 중력으로 인한 몹시 격렬한 내부 붕괴에 저항하기 위해서는 더 많은 연료를 태워야 하므로 질량이 작은 별보다 훨씬 빨리 연료가 떨어진다. 태양의 수명은 약 100억 년이지만(지금은 약 45억 살로 중년이다), 질량이 매우 큰 별은 기껏해야 10만 년이다. 가장 밝게 빛나다가 천문학적 기준으로 몹시 짧은 시간

지만, 달이 없는 맑은 밤에 별자리 지도를 펼쳐놓고 망원경으로 보면 분명 찾을 수 있을 것이다.

63 훨씬 밝아 눈에 잘 띄는 질량이 큰 항성 중 많은 수에 동반성이 있다는 사실 때문에, 천문학자들은 적색왜성이 처음 생각보다 훨씬 많다는 사실을 깨닫기 전까지는 우리은하를 이루는 항성들 대부분이 다중성계에 속해 있다고 믿었다. 하지만 실제로는 적색왜성이 우리은하 대다수를 차지하고 다중성계를 이루는 항성 수는 3분의 1에 불과하다.

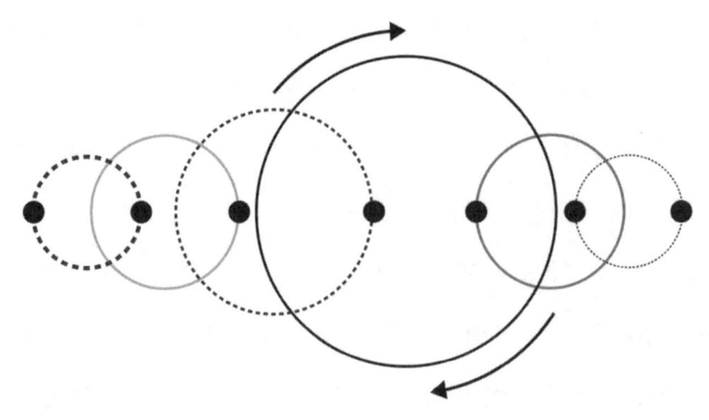

전갈자리 누의 7중성계 구조. 까만 점으로 표시한 별들이 원으로 나타낸 궤도를 돈다. 3중성계와 4중성계가 공통의 질량 중심을 기준으로 궤도를 돈다. 3중성계는 2개의 별이 이루는 쌍성계 주위로 또 하나의 별이 도는 구조이고, 4중성계는 2개의 별이 이루는 쌍성계 주위를 또다른 별이 돌고 이 주위를 또다른 별이 도는 구조이다.

안에 삶을 마감한다. 이는 여전히 활발하게 수소를 합성하여 헬륨을 만들면서 앞으로 수십억 년까지는 아니더라도 수백만 년을 살아갈 일반적인 별 주위로 블랙홀(또는 중성자별이나 백색왜성)이 돌고 있을 확률이 높다는 뜻이 된다. 이 책의 서두부터 여러 번 등장한 최초의 블랙홀 후보인 백조자리 X-1을 포함하여 무수히 많은 항성계가 그러하다.

우리는 X선의 빛을 통해서 우리은하에서 블랙홀을 포함하는 쌍성계를 찾아낼 수 있다. 하지만 쌍성계의 또다른 별 역시 초신성이 되어 블랙홀로 붕괴할 만큼 질량이 크다면 어떻게 될까? 그렇다면 2개의 블랙홀이 공통의 질량 중심을 기준으로 궤도를 돌게 된다. 이때 발생하는 중력은 가늠할 수 없을 만큼 어마어마하게 크다. 2개의 별이 돌던 안정적인 궤도는 초신성이 2개가 되면서 완전히 망가진다. 초신성은 외피층 대부분을 벗어던지면서 질량 대부분을 우주로 내보내서 블랙홀로 붕괴할 핵만 남겨둔다. 그러므로 항성계가 균형을 이루려면 새로운 질량 중심이 필요하다.

2개의 별 중 1개가 블랙홀이었던 쌍성계에서 나머지 별도 초신성으로 변해 몸집을 줄여 질량이 작은 블랙홀이 되면, 2개의 블랙홀은 서로 가까워질 새로운 질량 중심을 찾아야 한다. 하지만 블랙홀 2개가 가까워지면 안정적인 궤도는 절대 불가능하다. 그러므로 두 블랙홀은 수백만 년 동안 서로 가까이에서 소용돌이치다가 우리가 목격할 수 있는 충돌 중 가장 극심한 충돌로 끝을 맺는다. 사실 엄밀히 말해서 우리는 그 끝을 볼 수 없다. 쌍성계를 이루는 두 천체가 모두 블랙홀이라면 질량을 앗아갈 일반적인 별이 없으므로 X선의 빛을 낼 강착 원반이 형성될 수 없기 때문이다. 따라서 블랙홀만으로 이루어진 항성계는 최후의 순간 직전까지 우리에게 전혀 보이지 않는다.

제3장에 이야기한 아인슈타인의 상대성 이론을 떠올려보자. 질량은 시공간을 휘게 한다. 특히 블랙홀 같은 거대질량 천체는 시공간을 극단적으로 왜곡한다. 하나의 쌍성계에 속한 두 블랙홀이 서로를 향해 소용돌이치며 속도를 높이면, 주위의 시공간 곡률曲率이 끊임없이 달라진다. 두 블랙홀이 내보내는 에너지만큼 엄청난 에너지가 전달되어야 이처럼 시공간이 계속 극단적으로 휠 수 있다. 이는 항성계 공간에 엄청난 충격을 일으키는 것과 같다. 좁은 공간에 담길 수 없는 어마어마한 양의 에너지는 결국 충격파처럼 흩어져 우주에 물결을 일으킨다.

초대질량 천체를 트램펄린 위에 놓인 농구공이라고 상상해보자. 2

개의 매우 무거운 농구공이 트램펄린 위를 규칙적인 리듬으로 튀어 오르고 있다. 트램펄린은 평평한 상태에 머무를 수 없다. 튀어오르는 농구공의 에너지를 흡수하느라 같이 오르락내리락하기 때문이다. 이때 흡수된 에너지는 표면을 물결처럼 흐른다. 같은 기준점을 도는 2개의 블랙홀이 같은 기준점을 돌면서 공간이 극단적으로 휘었다가 제 모습으로 돌아오는 광경 역시 비슷하다. 한곳에 에너지가 너무 많아지면 "중력파gravitational wave"라는 현상을 통해서 우물 위 물결처럼 퍼져나간다. 공간을 지나면서 곡률을 변화시키는 중력파의 물결은 궤도 운동을 하는 2개의 블랙홀에서 비롯된 에너지가 그 동력원이다.

아인슈타인은 1915년에 일반상대성을 처음 발표하면서 중력파의 존재를 예측했지만(블랙홀이 중력파를 일으킨다고 추측하지는 않았지만 밀도가 매우 높은 물체가 일으킨다고는 생각했다), 실제로 중력파의 존재가 간접적으로나마 증명되기까지는 이후 59년이 걸렸다. 1974년 미국의 천체물리학자 조지프 테일러와 러셀 헐스(둘 다 매사추세츠 대학교 애머스트 캠퍼스 출신으로 당시 테일러는 교수였고 헐스는 박사 과정 학생이었다)가 처음으로 쌍성 펄서를 발견했고, 이를 PSR B1913+16로 명명했다(지금은 헐스-테일러 쌍성계라고 불린다). 이 항성계에서 질량 중심이 같은 2개의 중성자별은 질량이 큰 별들이 초신성으로 변하여 생성된 것이다.

당시 헐스와 테일러가 사용한 망원경은 푸에르토리코에 있는 305미터 크기의 접시로 이루어진 아레시보 전파망원경이다. 이 망원경은 1995년 제임스 본드 시리즈 영화 「골든 아이」와 1997년 조디 포스터 주연의 「콘택트」에 등장하면서 천문학계 밖에서 가장 유명한 망원경이 되었다.[64] 헐스와 테일러는 조슬린 벨 버넬이 1967년에 펄서를 발견한 이후 1970년대 초에 펄서 탐색 열풍에 합류했다. 처음에 그들은 자신들이 발견한 펄서가 59밀리초마다 전파를 내보내며 진동하는(다시 말해서 초당 축을 17번 회전하는) 일반적인 펄서라고 생각했다.

그러나 그들은 새로 발견한 펄서를 계속 관찰하면서 이상한 점을 발견했다. 진동이 정확히 59밀리초마다 일어나지 않고 측정할 때마다 주기가 미세하게 길어지거나 짧아졌다. 이는 이상한 일이었다. 우주에서 가장 정확한 시계 중 하나인 펄서의 진동 주기(진동 사이의 간격)는 변할 수 없었다. 헐스와 테일러가 측정 시간을 도표로 그리자 사인 곡선의 파도 형태가 나타났다. 진동 사이의 주기는 7¾시간마다 같은 값으로 돌아왔다. 이는 매우 규칙적이어서 마지막 측정 시점을 바탕으로 지금의 진동 간 간격을 예측할 수 있을 정도였다.

헐스와 테일러는 펄서가 또다른 별 주위를 돈다면 이 같은 변화를 설명할 수 있다는 사실을 깨달았다.[65] 진동 간 주기가 짧아지는 것은 펄서가 궤도를 따라 지구와 가까워지기 때문이고 주기가 길어지는 것은 지구로부터 멀어지기 때문이며, 이 같은 변화가 7¾시간마다 일어난 것이다. 펄서가 이처럼 쌍성계에서 처음 발견된 이래 6년 동안

---

64 2017년 아레시보 망원경은 허리케인 마리아로 인해 크게 훼손되었다. 이후 2020년 8월과 11월 전선 고장이 일어나면서 과학자들은 아레시보를 해체하기로 했다. 하지만 철거 작업이 시작되기도 전에 망원경이 무너져 손을 쓸 수 없을 정도로 파괴되었다.

65 당시 헐스와 테일러는 눈에 보이는 동반성이 없음에도 불구하고 또다른 항성이 중성자별이었다는 사실을 깨닫지 못했다. 또다른 별의 정체는 다른 연구진들이 밝혀냈다.

쌍성계 펄서에 대해서 매우 정밀한 조사가 이루어졌고 두 별의 7¾시간 궤도가 서서히 감소한다는 또다른 흥미로운 사실이 밝혀졌다. 소용돌이치는 별들이 거리를 좁히며 에너지를 잃으면서 두 별의 궤도가 점차 망가졌기 때문이다. 이렇게 상실된 에너지는 우주 밖으로 방출되어 중력파로 퍼져나갔다.

1979년 테일러는 리 파울러와 오스트레일리아의 천문학자 피터 매컬러와 함께 이 결과를 전 세계에 발표하면서 별들의 궤도 붕괴가 아인슈타인의 예측과 정확히 일치했고(최소한 지구와 펄서의 거리에 관한 우리의 지식이 지닌 불확실성의 범위 안에서) 당시 논의되던 중력 이론의 다른 대안들과는 전혀 맞지 않는다는 사실을 확인시켜주었다.

이는 중력파에 대한 첫 간접 증거였다. 헐스와 테일러는 1993년 PSR B1913+16을 발견한 공로로 노벨 물리학상을 받았고, 노벨 위원회는 이들의 "발견이 중력 연구의 새로운 가능성을 열었다"라고 평가했다.[66] 하지만 중력파의 존재를 처음으로 추측한 과학자는 테일러, 헐스, 파울러, 매컬러가 아니었다. 많은 과학자들이 제2차 세계대전을 계기로 이루어진 여러 천문학 기술 발전을 바탕으로 지구에 존재하는 중력파를 탐색했다. 메릴랜드 대학교 공학 교수인 조지프 웨버가 1969년에 자신이 중력파를 감지했다는 허위 주장을 펼치면서

---

66 노벨상은 세 명까지 공동 수상할 수 있다. 리 파울러는 안타깝게도 1983년 산악 등반을 하다가 서른둘의 나이로 세상을 떠났다. 하지만 매컬러가 수상하지 못한 이유는 잘 모르겠다. 에너지가 중력파 형태로 상실된다는 해석이 노벨상 수여 당시에는 합의가 이루어지지 않아서일지도 모르겠다.

1970년대에는 중력파 탐색 열풍이 절정에 이르렀다.

웨버는 자신이 만든 거대한 알루미늄 원통이 중력파에 영향을 받으면 징처럼 울린다고 주장했다. 당시 주요 천체물리학자들 대부분은 과학적 근거가 부족한 웨버의 주장을 받아들이지 않았다. 하지만 웨버의 거짓 주장에 자극을 받은 많은 과학자들이 중력파 탐지기를 직접 제작하기 시작했다. 그리고 PSR B1913+16의 궤도 붕괴가 발견되면서 중력파 탐색 열풍은 열기가 더욱 거세졌다. 하지만 실제로 중력파를 어떻게 탐지할 수 있을까?

중력파는 공간을 이동하면서 공간 자체를 늘리고 줄인다. 그러므로 어떤 공간에 자리한 두 물체 사이의 간격은 중력파가 지나가면서 길어지고 짧아진다. 이 같은 물체 간의 거리 변화를 측정한다면, 중력파의 존재를 탐지할 수 있다. 하지만 이러한 방식으로 중력파를 탐지하려면 측정이 매우 정확하게 이루어져야 하므로, 주로 레이저가 측정에 사용된다. 레이저는 단 하나의 특정한 파장으로 이루어진 매우 밝은 빛을 한 방향으로 내보낸다(따라서 파장이 같은 레이저는 색도 같으므로 레이저포인터를 구매할 때 빨간색이나 녹색처럼 특정한 색을 선택할 수 있다). 그러므로 사방으로 빛을 퍼트리는 전구와 달리 레이저 빛은 어떤 방향으로 발사하면 대부분의 빛이 오로지 그 방향으로만 이동한다.

따라서 레이저를 거울에 비추면 빛 대부분이 거울을 향하다가 반사되므로 반사된 레이저빔을 탐지한다면, 이는 처음 발사했을 때의 레이저빔과 같은 빛이다(집에서는 절대로 거울을 향해 레이저를 발사해서는 안 된다. 눈이 멀 수도 있다). 우리는 빛의 속도를 이미 알고 있으므로 고전적인 공식인 거리＝속도×시간에 따라 레이저가 이동한 왕복 거리를 계산할 수 있다. 그러므로 두 물체(레이저와 거울)[67] 사이의 거리를 측정하면 중력파가 지나면서 거리를 좁히고 늘렸는지 정확히 확인할 수 있다.

문제는 아인슈타인이 지적했듯이 공간을 늘리고 줄이는 중력파의 영향이 극도로 작다는 것이다. 여기서 말하는 두 물체 간 거리 변화는 양성자 지름보다 작은 0.000000000000000001미터도 되지 않는다. 레이저를 사용한다고 해도 이처럼 몹시 미세한 변화를 정확하게 측정하기란 매우 어렵다. 하지만 1960년대와 1970년대의 천체물리학자들은 레이저의 속성을 이용한 물리학적 트릭을 통해서 이처럼 극히 미세한 척도의 거리를 가늠할 수 있다는 사실을 깨달았다(누가 이 아이디어를 "처음으로" 제시했는지에 대한 합의는 이루어지지 않았다).

레이저가 내보내는 빛은 균일하다. 레이저빔은 모든 파동의 골과 마루가 정렬을 이루고 물리학자들은 이를 **같은 위상**位相**에 있다**고 표현한다. 여기에 또다른 레이저를 발사하여 두 레이저의 파동 역시 위상이 일치하도록 위치를 조정하면 파동들이 합쳐져 탐지기에서 2배 밝게 나타난다. 우리는 두 레이저의 파동들이 서로 **보강** 간섭했다고

---

67 같은 방법으로 지구와 달 사이의 정확한 거리도 측정할 수 있다. 달 탐사 시대에 거울로 빛을 왔던 방향 그대로 되돌려보내는(밤거리에서 반짝이는 고양이 눈처럼) "역반사체" 5대가 달 표면에 세워졌다. 3대는 NASA 아폴로 탐사대가 설치한 것이고 2대는 소비에트연방의 루나 무인 탐사기가 설치한 것이다. 천체물리학자들은 이 같은 역반사체와 매우 강력한 레이저로 달이 매년 지구에서 약 4센티미터씩 멀어지고 있다는 사실을 밝혔다.

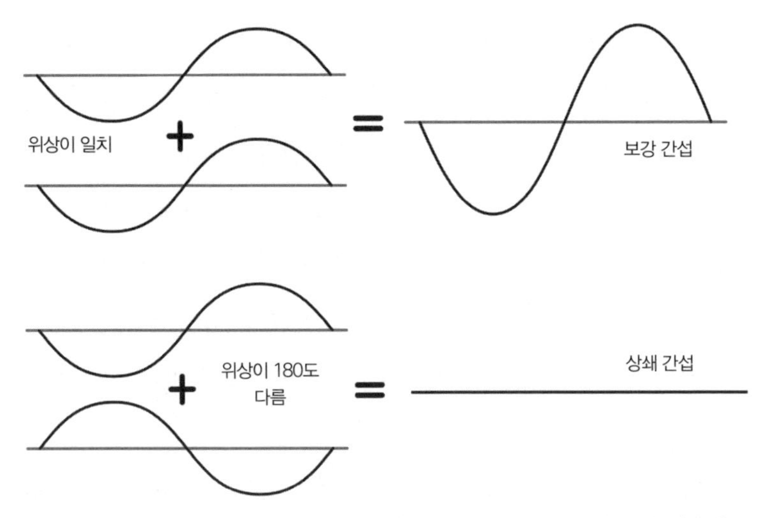

파동 사이의 위상이 일치하는 보강 간섭(위)과 일치하지 않는 상쇄 간섭(아래).

말한다. 한편 두 번째 레이저를 파동들의 상이 일치하지 않도록 하여 정렬이 반대로 되도록 하면 서로 완전히 상쇄하면서 빛이 전혀 감지되지 않는다. 이 경우는 두 빛이 서로 **상쇄** 간섭했다고 말한다. 바로 이 현상이 노이즈 캔슬링 헤드폰의 원리이다. 외부로부터 헤드폰에 도달하는 소리의 파동을 기록하여 위상이 반대인 파동을 귀로 보내면 두 소리가 서로 상쇄되는 상쇄 간섭이 일어나 외부 소리가 차단된다.

그러므로 중력파를 탐지하는 최고의 방법 중 하나는 파동 간섭을 이용한 물리학적 트릭이다. 2개의 레이저가 90도 각도로 발사되는 L자형 탐지기에 거울을 장착하여 두 레이저빔의 정렬이 완전히 반대가 되도록 하여 상쇄 간섭이 일어나는 방식으로 합쳐지게 한다. 두 빔의 조합을 기록하도록 완벽하게 설계한 탐지기에서는 모든 것이 정상이라면 레이저와 거울 사이의 거리는 변하지 않고 계속해서 어떤 빛도 감지되지 않는다. 하지만 중력파가 시나가면서 레이저와 거울 사이의 거리가 변한다면 두 레이저 간의 위상 차이가 생기면서 탐지기에 레이저 빛이 감지된다. 빛이 전혀 감지되지 않는지, 아니면 1개의 레이저빔보다 2배 밝은 빛이 감지되는지, 아니면 그보다는 약한 빛이 나오는지에 따라서 파동들의 위상이 얼마나 불일치하는지 가늠할 수 있다. 이처럼 두 파동의 간섭을 바탕으로 한 **간섭 측정** 방식은 양성자 크기보다도 작은 아주 미세한 변화도 감지하여 중력파로 인한 두 물체 간의 거리 변화를 측정할 수 있다.[68]

간섭 측정을 바탕으로 한 최초의 중력파 탐지기 원형은 1971년 미국의 물리학자 로버트 L. 포워드가 설계했다. 그러나 그가 8.5미터 길이의 L자형 탐지기들로 150시간 동안 실시한 측정에서는 중력파가 탐지되지 않았다(웨버가 만든 중력파 "징" 탐지기의 결과와도 전혀 일치하지 않았다). 미국의 천체물리학자 라이너 바이스 매사추세츠 공과대학교(MIT) 교수는 중국의 천문학자들이 1054년에 초신성이었던 모습을 관측한 게 펄서의 중력파를 탐지하려면 레이저와 거울 사이가 8.5미터보다 훨씬 길어야 한다고 지적했다. 그가 1970년대 초에 계산한 값에 따르면 레이저와 거울의 간격이 1킬로미터는 되어야 펄서의 중력파를 탐지할 수 있었다. 심지어 그는 간섭 측정 탐지기를 우주에 설치해야 한다고 주장했다.[69]

---

68 그러므로 이 같은 방식으로 설치한 중력파 탐지기는 발사하는 레이저 파장과 레이저와 거울 사이의 거리에 따라 특정 파동의 중력파만 탐지할 수 있다. 중력파의 진폭과는 아무런 상관이 없다.

69 NASA가 빠르면 2037년에 발사할 계획인 레이저 간섭계 우주 안테나(LISA)

1975년 여름 라이너 바이스는 블랙홀과 일반상대성에 관한 연구로 유명한 미국의 이론물리학자이자 그의 오랜 친구인 킵 손 캘리포니아 공과대학교(칼텍) 교수를 만났다.[70] 바이스에 따르면 우주론과 상대성에 관한 학회에 참석하러 워싱턴을 찾은 그와 손은 학회 전날 밤 중력 연구의 거대한 비밀들을 밤새 논의했고 미래에는 중력파에 주목해야 한다고 결론 내렸다고 한다. 그들은 이를 본격적으로 실행하려면 두 가지가 필요하다는 사실에 동의했다. 첫 번째는 엄청난 규모의 자금 지원이었고, 두 번째는 실험물리학자였다(바이스와 손 모두 중력파 이론에는 무척 정통했지만 원형 장치를 넘어서는 데에 필요한 공학이나 실험 설계에는 그렇지 못했다).

자금을 지원받는 데에는 여러 어려움이 있었지만 무엇보다도 큰 문제는 중력파를 탐지하려면 여러 기술 개발이 함께 이루어져야 한다는 사실이었다. 가령 중력파를 제대로 감지하려면 지진 활동이 레이저와 거울에 미치는 영향을 차단해야 했다. 파괴력이 큰 지진은 자주 일어나지 않지만 우리가 일상에서 느끼기 힘들 만큼 진동이 미세한 지진은 상당히 자주 일어난다. 미국 지진연구협회에 따르면 리히터 규모로 진도 2 이하의 지진(번개가 땅에 닿을 때의 충격 수준)은 세계 곳곳에서 매일 수백 번씩 일어난다. 정확하고 주변 반응에 민감해야 하는 중력파 탐지기로부터 지진의 진동을 차단하지 못한다면 중력파 탐지기는 그저 몹시 비싼 지진 탐지기에 그칠 것이다.

덕분에 이 꿈은 21세기에 이루어질 것으로 예상된다.

70 21세기에는 크리스토퍼 놀런 감독의 2014년 작 「인터스텔라」의 과학 자문으로 대중에게 널리 알려졌다.

탐지기 주변을 지나는 대형 트럭 역시 레이저와 거울에 진동을 일으킬 수 있다. 탐지기를 땅속 깊이 묻는다면 트럭의 진동은 막을 수 있어도 지진의 진동에는 오히려 더 취약해질 것이다. 이탈리아의 물리학자 아달베르토 자조토 피사 대학교 교수는 이에 대한 해결책을 제시했다. 그는 이른바 슈퍼 감쇠기라는 새로운 현가장치suspension를 개발했다. 그리고 1985년 로마에서 열린 학회에서 이 장치가 지진 활동이 거울에 미치는 모든 영향을 차단할 수 있다고 설명했다. 한편 같은 회의에 참석한 프랑스의 물리학자 장-이브 비네 파리 응용광학 연구소 연구원은 레이저의 출력을 높여 매우 긴 중력파 탐지기에서도 레이저빔이 탐지되도록 하는 레이저 재활용에 관한 연구를 발표했다.

유럽에서는 이미 프랑스의 물리학자 알랭 브리예가 이끄는 중력파 간섭 측정기 설계에 관한 연구가 많은 관심을 받고 있었지만 역시 자금이 가장 큰 문제였다. 하지만 미국과 유럽 모두에서 학자들이 서로 손을 잡으면서 자금을 지원받는 데에 성공했다(칠레 아타카마 사막에 대형 망원경을 건설하는 사업을 비롯해 수년 동안 여러 프로젝트에서 실패를 거듭한 끝에 이룬 성공이었다[71]). 예컨대 바이스와 손의 주선으로 칼텍과 MIT가 협약을 맺으면서 1988년 미국 국립과학재단의 지원으로 레이저 간섭계 중력파 관측소(LIGO)가 설립되었다. 유럽에서는 브리예, 비네, 자조토가 1993년에 프랑스 국립 과학연구 센

71 내 연구 분야는 칠레의 대형 망원경이 제공하는 데이터를 자주 활용하므로 이 역시 지원 대상이 되어서 무척 다행이다!

터로부터 자금을 지원받고, 1994년에는 이탈리아 국립 핵물리 연구소로부터도 지원을 받아 VIRGO 관측소를 세웠다(Virgo는 "처녀자리"라는 뜻으로 처녀자리 은하단은 국부은하군에서 가장 큰 은하단이다).

이처럼 자금 문제는 해결되었지만 실효성 있는 간섭 측정 장치를 어떻게 설계할지의 문제가 남아 있었다. 초창기 LIGO의 구성원들은 프로젝트를 어떻게 꾸리고 운영할지에 대해서 갈피를 잡지 못했다. 하지만 1994년에 미국의 실험물리학자 배리 클라크 배리시가 관측소 소장으로 합류하면서 상황이 바뀌었다. 배리시는 고에너지 실험물리학의 전문가일 뿐 아니라 대규모 예산이 투입된 물리학 프로젝트를 이끈 경험이 있었다. 그는 프로젝트 전체를 초기 원형을 설계하는 첫 번째 단계와 정확도와 민감도를 높이는 두 번째 단계로 재구성했다. 간섭 측정이 얼마나 정교한 작업인지 떠올리면 이는 무척 현명한 선택이었다.

중력파 탐지를 가로막던 문제들이 1990년대에 해결되면서 LIGO와 VIRGO의 탐지기 원형 설계가 순조롭게 진행되기 시작했다. VIRGO는 이탈리아 토스카나를 건설 부지로 정했고, LIGO는 탐지기 1대를 미국 루이지애나 주, 리빙스턴에 세우고 다른 1대는 워싱턴 주, 핸퍼드에 세웠다. 이 역시 탁월한 선택이었다. 약 3,000킬로미터 떨어져 있는 2대의 탐지기가 같은 진동을 약 10밀리초 간격(두 탐지기 사이로 빛이 이동하는 시간)으로 감지했다면, 탐지된 대상이 주변의 교란(예컨대 지상을 지나는 대형 트럭)이 아닌 중력파라고 확신할 수 있다. 또한 어느 탐지기에서 중력파가 늦게 도착했는지를 파악한다면 중력파가 우주의 어느 방향에서 이동해왔는지 가늠하는 데에 도움이 된다. 세 번째 탐지기를 추가하면 중력파의 방향을 3각 측량하여 정확성을 더욱 높일 수 있다. 따라서 2007년에는 LIGO와 VIRGO가 관측 결과와 탐지 기록을 공유하기 시작했다.

2000년대 후반 탐지가 여러 차례 이루어졌지만 중력파는 감지되지 않았다. 탐지기의 민감도를 높이고 지진 활동을 더욱 효과적으로 차단해야 했다. 이 같은 개선 작업이 2010년대 초에 진행되었고 2015년 9월에야 탐지기들의 전원이 다시 들어왔다. 그리고 이후 며칠 동안은 "엔지니어링 모드"에서 수정과 연동 작업이 계속되었다. 이처럼 본격적인 탐색을 재개하기 위한 준비 작업이 한창인 와중에 독일 하노버에 있는 막스플랑크 중력물리 연구소에서 박사 후 과정을 밟던 이탈리아의 천체물리학자 마르코 드라고가[72] LIGO 시스템으로부터 리빙스턴과 핸퍼드 모두에서 중력파가 탐지되었다는 자동 발송 이메일을 받았다.

리빙스턴과 핸퍼드의 탐지 기록은 일치했고 2개의 블랙홀에서 비롯된 중력파 물결의 형태를 띠었으며 각각의 탐지기가 탐지한 시간은 몇 밀리초 간격으로 달랐다. 이는 탐지된 신호가 1) 진짜 중력파이거나 2) 탐지기의 모든 과정이 제대로 작동하는지 확인하기 위해서 시스템에 인위적으로 "주입한" 가짜 모형 신호일 가능성 중 하나였다. 하지만 LIGO는 여전히 엔지니어링 모드였으므로 가짜 신호를 주입할 수 없었다. 드라고는 정말 중력파가 감지된 것임을 알았지만 또

---

72 나와 박사 후 과정을 같이한 동료들에게 소리치고 싶다. "우리가 해냈어!"

다른 박사 후 과정 연구자인 앤드루 룬드그렌과 함께 다시 확인했다. 드라고와 룬드그렌은 리빙스턴과 핸퍼드에 연락해 평소와는 다른 점이 보고되지 않았는지 물었고 그렇지 않다는 대답만 돌아왔다. 드라고는 처음 이메일을 받고 1시간이 지난 뒤 LIGO 연구자 전원에게 이메일을 보내 두 탐지기에서 가짜 신호가 탐지될 가능성이 있는지 물었고 역시 그럴 가능성이 있다는 답은 없었다. 이후 며칠 동안 LIGO의 주요 연구자들은 어떤 가짜 신호도 입력되지 않았음을 확인해주었다. 개선 작업 후 LIGO의 전원이 다시 들어오고 이틀도 지나지 않아 바이스와 손이 40년 전 밤새도록 이야기했던 목표가 마침내 실현된 것이다.

이 발견은 천문학 역사에서 보안이 가장 허술했던 비밀이었을 것이다. LIGO 합동 프로젝트는 워낙 대규모 프로젝트였기 때문에 소문을 막기가 어려웠다. 당시 나는 옥스퍼드 대학교에서 박사 과정을 밟고 있었는데, 불과 몇 주일도 지나지 않아 천문학계의 모든 사람이 LIGO에 **무엇인가**가 감지되었다는 소식에 흥분한 듯 보였다. 하지만 무엇이 감지되었는지는 6개월 후인 2016년 2월 공식 기자회견이 열릴 때까지 아무도 확실하게는 몰랐다. 프로젝트에 참여한 연구원 모두가 반년에 걸쳐 탐지된 신호가 기계 고장이나 지진 심지어 다른 광원에 의한 것은 아닌지 확인했다. 과학자들은 인류가 처음 직접적으로 탐지한 중력파 신호의 이름을 무척 시적이게도(!) 탐지된 날짜를 따서 GW150914라고 지었고, 이 중력파의 파형波形은 쌍을 이루는 블랙홀의 소용돌이와 충돌에 관해서 아인슈타인의 일반상대성 이론을 바탕으로 한 예측과 일치했다.

이는 일반상대성 이론의 또다른 승리일 뿐 아니라 인류가 역사상 처음으로 빛이 아닌 다른 무엇인가로 우주를 관측한 첫 사건이었다. 우리는 전혀 다른 방식으로 "볼" 수 있게 되었다. 하지만 대중의 시선을 사로잡은 것은 신호를 시각적으로 나타낸 그래프가 아니었다. 전 세계 사람들은 신호를 인간이 들을 수 있는 진동수로 변환한 소리를 들으며 감탄했다. 이는 입에 검지를 넣고 입술을 다문 다음 볼 안쪽을 누르면서 빼냈을 때의 소리와 비슷했다. 폭! 볼에서 터져 나오는 듯한 작은 소리가 우주에서 가장 크고 신비스러운 물체 2개가 충돌하는 가장 격렬한 사건의 소리라는 사실은 이 이야기에서 내가 가장 좋아하는 부분이다.

중력파의 발견은 2017년 노벨 물리학상 수상으로 이어졌다. 수상자는 라이너 바이스, 킵 손 그리고 LIGO 팀을 훌륭하게 이끈 배리 배리시였다. LIGO-VIRGO 합동 프로젝트의 엄청난 규모와 세계 곳곳에서 이루어진 여러 관련 물리학 실험을 떠올리면, 오로지 세 명의 과학자에게 공동 수여된 노벨상만으로는 단 한 번의 중력파 발견을 위해서 얼마나 많은 사람들이 힘을 보탰는지 이루 다 형언할 수 없다. LIGO 프로젝트에 투입된 인원만 해도 1,200명이 넘는다.

이전까지 천문학자들은 2개의 초대질량 별이 존재하다가 삶을 마치고 초신성이 된 2중 블랙홀계의 존재를 추측만 할 뿐 탐지할 수 없었으나 중력파의 발견으로 마침내 그 존재를 확인했다. 또다른 2중 블랙홀계의 발견은 곧바로 이어졌다. 첫 번째 발견이 공식적으로 발표되기도 전인 2015년 12월 또다른 2중 블랙홀계가 탐지되었고, 2020년 10월까지 총 50개의 2중 블랙홀계가 발견되었다. 블랙홀 간의 병합뿐 아니라 블랙홀과 중성자별의 병합, 중성자별 간의 병합도 탐지되었다. 특히 두 중성자별의 질량이 합쳐져 블랙홀로 붕괴하기 전에 내보내는 섬광은 무척 멋진 장관을 이룬다. 게다가 이 빛은 쌍을 이루는 두 중성자별까지의 거리를 더 정확하게 측정하게 해줄 뿐 아니라 중성자별의 최대 질량(블랙홀의 최소 질량)에 관한 톨먼-오펜하이머-볼코프 한계를 더 정확하게 가늠하게 해준다.

중력파 탐지로 얼마나 많은 발견의 문이 열릴지는 알 수 없지만 분명한 것은 천문학계에 거스를 수 없는 대대적인 변화가 일었다는 사실이다. 맨눈에 보이는 것만 볼 수 있던 우리가 망원경의 발명으로 빛의 모든 스펙트럼을 볼 수 있게 되었듯이, 중력파 탐지기는 우리에게 완전히 새로운 관찰 방식을 선사했다.

9

당신의 친절한 이웃, 블랙홀

『은하수를 여행하는 히치하이커를 위한 안내서*The Hitchhiker's Guide to the Galaxy*』의 저자인 더글러스 애덤스의 재치 있는 말처럼 **당황하지 말자**. 내가 태양계에도 블랙홀이 있으면 정말 좋겠다고 말할 때마다 사람들은 아연실색한다. 하지만 앞에서도 이야기했듯이 블랙홀은 진공청소기가 아니다. 태양계에서 블랙홀이 맡은 역할은 중력의 수호자에 가까울 것이다. 그러므로 태양계에 블랙홀이 있다면 끔찍한 일이 아니라 **아주 멋진** 일이 될 것이다.

안타깝게도 태양계에서는 아직 블랙홀이 보고되거나 "관찰된"(이제 블랙홀의 관찰이 어떻게 가능한지 이해할 수 있는가?!) 적이 없다. 블랙홀 중에서 지구와 가장 가까이 있다고 알려진 외뿔소자리 V616은 이름은 끔찍한 질병처럼 들리지만 해왕성보다 약간 작은 공간에 태양의 약 6.6배 질량이 밀집해 있는 블랙홀이다. 외뿔소자리 V616은 우리와 약 3,000광년 떨어진 비교적 가까운 거리(약 2.8×10^{22}마일)에 있지만, 태양으로부터 4광년 떨어진 가장 가까운 별보다는 훨씬 멀리 있다. 그러므로 외뿔소자리 V616이 우주의 거대한 척도에서나 가깝다는 것이지, 우리가 쉽게 마실이나 갈 수 있는 곳은 아니다.

다행히 외뿔소자리 V616은 태양과 무척 비슷한 다른 별 주위를 안정적으로 돌며 강착 원반으로 물질을 조금씩 가져오고 있고 우리는 이 과정에서 이따금 발생하는 X선 섬광을 통해서 그 존재를 알 수 있다. 하지만 지구와 가까이 있다는 사실 외에는 그리 대단할 것은 없다. 앞에서 이야기했듯이 우리의 무대인 우리은하에는 별달리 특별한 것이 없다.

그럼에도 불구하고 외뿔소자리 V616이 우리 인류에게 특별한 이유를 하나만 꼽으라면 그 주위에서 소용돌이치는 빛이 감지된다는 사실이 아니라 우리가 그곳을 향해 빛의 신호를 보냈다는 것이다. 블랙홀을 수학적으로 이해하는 데에 평생을 바친 영국의 천체물리학자 스티븐 호킹이 세상을 떠나고 3개월 후인 2018년 6월 15일 유럽 우주기구는 외뿔소자리 V616을 향해 전파를 전송하며 호킹을 기렸다. 이 전파가 5475년에 목적지에 도착하면 인류와 블랙홀 사이에 이루어진 최초의 "교신"이 될 것이다.

그러나 외뿔소자리 V616은 발견된 블랙홀들 중에서 우리와 가장 가까이 있을 뿐이다. 실제로는 이것이 가장 가까운 블랙홀이 아니라면 어떻게 될까? 더 가까이에 또다른 블랙홀이 있지만 주변에 아무 물질도 없어서 X선을 내보낼 열이 발산되지 않기 때문에 우리가 그곳에 있는지 도무지 알 수 없는 것일지도 모르며, 심지어 LIGO가 중력파를 탐지하여 발견한 블랙홀처럼 2개의 블랙홀이 쌍을 이루며 돌고 있을 수도 있다. 어쩌면 우리 태양계에도 숨어 있지 않을까?

이는 그렇게 황당무계한 소리가 아니다. 테니스 공만 한 블랙홀이 명왕성 궤도 너머 태양계 가장자리를 돌아다니며 주변을 휘젓고 다닐지도 모른다는 생각에는 그럴만한 이유가 있다. 먼저 천문학자들은 천왕성과 해왕성의 궤도가 이상하다는 사실을 발견했다. 두 행성의 궤도는 워낙 독특해서 르베리에가 모두의 관심 속에서 해왕성의 위치를 예측하고, 1859년에 실제로 해왕성이 발견된 후에 과학자들은 곧바로 그 너머에서 또다른 행성("아홉 번째 행성")을 탐색하기 시작했다. 아홉 번째 행성이 천왕성과 해왕성을 중력으로 당겨 다른 행성들보다 훨씬 타원에 가까운 궤도를 돌게 한다고 믿었기 때문이다.

미지의 "아홉 번째 행성"은 1930년 미국의 천문학자 클라이드 톰보가 스물넷의 나이에 명왕성을 발견하면서 마침내 정체가 드러났다고 여겨졌다. 톰보는 명왕성 발견의 임무를 미국의 또다른 천문학자인 퍼시벌 로웰로부터 이어받았다. 로웰은 보스턴의 엘리트 집안 출신에 걸맞게 하버드 대학교에 입학했다. 졸업 후 약 6년 동안 보스턴에서 방직 공장을 운영하다가 더 넓은 세계로 나아가기로 결심하고 10년 동안 아시아 전역을 돌아다녔다. 그리고 마침내 19세기 말 미국으로 돌아와서 천문학자가 되기로 마음먹었다. 우리 같은 평범한 사람들이라면 천문학자로 일할 자리부터 알아보기 시작하겠지만, 로웰은 상속받은 유산과 공장을 운영하며 번 돈으로 애리조나 주 플래그스태프와 가까운 곳에 최신 시설의 로웰 천문대를 세웠다. 그가 이곳을 천문대 터로 선택한 이유는 고도가 높고 도시의 불빛으로부터 방해받지 않았기 때문인데, 그전까지는 이 같은 천문학 관측을 위한 최적의 조건들이 아닌 그저 편의에 따라서만 천문대의 위치가 결정되었다. 이제는 인구가 많은 지역과 거리가 멀고 고도가 높으며 건조한 지역이 천문대 부지로 선택된다. 하와이 마우나케아, 칠레 아타카마 사막, 오스트레일리아 워럼벙글 국립공원 모두 그러하다.[73]

로웰은 1906년 플래그스태프에서 "아홉 번째 행성"(로웰은 "행성 X"로 지칭했다)을 본격적으로 찾기 시작했다. 하버드 대학교 천문대에서 여성들이 별들을 분류했듯이, 로웰도 사진건판을 분석하는 반복 작업을 담당할 여성 컴퓨터들을 고용했고 엘리자베스 랭던 윌리엄스가 이들을 이끌었다. 1903년 MIT 물리학과를 우등으로 졸업한 윌리엄스는 최초의 여성 컴퓨터 팀장 중 한 명이었다. 처음에 로웰은 1905년에 윌리엄스를 자신의 과학 저술을 다듬을 편집자로 고용했으나 후에 컴퓨터 팀장으로 발탁했다. 로웰이 자신이 생각하는 명왕성의 위치(천왕성과 같은 평면에서 궤도를 돌고 지구-태양의 거리보다 약 47배 먼 곳)를 대략적으로 설명하면 윌리엄스는 "아홉 번째 행성"의 궤도 후보들을 계산하여 탐색에 적당한 위치를 찾는 고된 작업을 수행했다.

로웰은 윌리엄스가 추천한 위치를 망원경을 통해서 주기적으로 관측하여 최근 이미지들과 과거 이미지들을 비교해 배경에 있는 항성들을 기준으로 위치가 바뀐 천체가 있는지 확인했다(지금의 정의에 따라 설명하자면 윌리엄스는 천체물리학을, 로웰은 천문학을 수

73 이 지역은 모두 우리 천문학자들이 무척 가고 싶어하는 곳이다. 특히 탐사가 끝난 후 며칠 여유 시간이 있다면 더할 나위 없이 좋을 것이다.

행했다). 탐색은 로웰이 세상을 떠난 1916년까지 계속되었지만 결국 그는 자신이 찾던 것을 끝내 보지 못하고 눈을 감았다. 하지만 사실은 1915년 로웰 천문대에서 아주 흐릿한 2장의 명왕성 이미지가 찍혔으나 아무도 발견하지 못했을 뿐이다.[74]

로웰이 사망한 후 명왕성 탐색은 10년 넘게 중단되었다. 그 사이 윌리엄스는 로웰 천문대에서 함께 일하던 영국인 천문학자 조지 홀 해밀턴과 결혼했고 기혼 여성은 고용할 수 없다는 (~~여성에 대한 20세기의 터무니없는~~) 고정관념 때문에 곧바로 팀장 자리에서 물러나야 했다. 마침내 1929년에 클라이드 톰보가 새로 영입되면서 탐색이 재개되었다. 톰보는 캔자스 주에 있는 가족 농장에 망원경을 손수 설치하여 화성과 목성을 관찰해 스케치했고 당시 천문대장이었던 베스토 멜빈 슬라이퍼[75]가 톰보의 그림을 보고 그를 발탁했다.

---

74 2000년 3명의 아마추어 천문학자인 그렉 버치월드, 마이클 디마리오, 월터 와일드가 1901년 8월 위스콘신 윌리엄 베이에 있는 여키스 천문대에서 촬영된 사진건판에서 명왕성이 이미 "조기에" 발견되었다는 사실을 발표했다. 이는 전 세계 여러 천문대에서 이루어진 다른 14건의 "조기 발견"보다 앞서 이루어진 것이다. 이 같은 조기 발견은 명왕성 궤도를 이해하는 데에 무척 중요하다. 명왕성이 태양을 둘러싼 궤도 한 바퀴를 다 도는 데에 거의 248년이 걸리므로 명왕성이 발견된 1930년 이후로 아직 전체 궤도의 약 37퍼센트밖에 돌지 않았다. 하지만 1901년부터라면 거의 절반을 돈 것이므로 궤도를 더 정확하게 알 수 있다.

75 슬라이퍼는 1912년 처음으로 은하들의 적색 편이를 관찰하고 기록하여 우주 팽창을 입증하는 첫 실험 증거를 발견했다. 에드윈 허블이 이 같은 발견을 이루었다고 생각하는 사람이 많지만 사실 허블은 1929년 자신이 측정한 은하들까지의 거리를 슬라이퍼의 적색 편이 관찰과 결합하여 둘 사이의 상관관계를 밝혔을 뿐이다. 은하 거리와 적색 편이의 상관관계도 사실 그보다도 2년 전에 조르주 르메트르가 아인슈타인의 일반상대성 공식들을 바탕으로 예측했으며, 르메

"아홉 번째 행성" 탐색에서 톰보는 1주일 간격으로 찍은 밤하늘 사진들을 비교하는 지루한 작업을 맡았다. 그리고 약 1년 후인 1930년 1월에 몇 주일 전에 찍은 이미지와 위치가 달라진 미지의 물체가 마침내 발견되었다. 이후 추가로 이루어진 관측에서 이 물체가 실제로 존재하고 같은 방향으로 계속 이동한다는 사실이 확인되었고, 이는 1930년 3월 전 세계에 발표되었다.

톰보의 발견은 세계 곳곳에서 신문 머리기사를 장식했고 사람들은 태양계의 새로운 행성을 뭐라고 불러야 할지 고민했다. 발견의 주인공으로서 이름을 지을 자격이 있었던 로웰 천문대가 천문학을 사랑하는 전 세계 사람들로부터 1,000개가 넘는 제안을 받았다. 퍼시벌 로웰이 세상을 떠난 후에 천문대를 인수한 그의 부인 컨스턴스 로웰은 그리스 신화에서 하늘을 관장하는 신인 제우스와 함께 남편의 이름인 퍼시벌과 자신의 이름인 컨스턴스도 제안했다. 쉽게 예상할 수 있듯이 슬라이퍼와 톰보는 세 가지 모두 탈락시켰다(제우스 역시 받아들이지 않은 까닭은 태양계의 다른 모든 행성의 이름이 그리스어가 아닌 라틴어일 뿐 아니라 목성을 지칭하는 라틴어 단어인 "Jupiter"가 이미 제우스를 뜻했기 때문이다).

클라이드 톰보에 따르면 로마 신화에서 지하 세계의 신을 뜻하는 "플루토"를 처음 제안한 사람은 옥스퍼드에 사는 열한 살 소녀 베니

트르는 은하 거리에 따라 적색 편이가 다르다면 우주가 팽창하고 있는 것이라고 주장했다. 1958년 허블이 발견한 상관관계를 통해서 처음으로 우주 나이를 정확하게 계산한 앨런 샌디지에 따르면 허블은 자신의 계산 결과가 우주 팽창으로 해석된다는 사실을 항상 회의적으로 생각했다고 한다.

샤 버니였다. 버니는 그저 평범한 열한 살 소녀가 아니라 옥스퍼드 대학교 보들리언 도서관의 전직 사서였던 팔코너 매댄의 손녀였다. 상류층과 교류가 활발했던 매댄은 손녀가 지은 이름을 여러 사람에게 소개했고 그중 한 사람이 옥스퍼드 대학교 천문학 석좌교수이자 래드클리프 천문대장이던 허버트 홀 터너에게 전달했다(들어가는 글에 등장한 『현대 천문학』의 저자이다). 터너는 이를 로웰 천문대 동료들에게 전보로 알렸고 "플루토"는 "미네르바"와 "크로노스"와 함께 최종 후보 명단에 올랐다. 투표는 천문대 직원들을 대상으로 무기명으로 이루어졌고, 1930년 3월 24일 로웰이 찾던 "행성 X"의 명칭은 "플루토"(한국어로는 명왕성)로 결정되었다.[76]

명왕성은 로웰이 예측한(윌리엄스가 계산한) 곳에서 불과 6도 떨어진 곳에서 발견되었다. 그러므로 처음에 물리학자들은 천왕성과 해왕성이 독특한 궤도를 그리는 이유가 명왕성 때문일 것이라고 확신했다. 그래서 명왕성이 천왕성과 해왕성에 영향을 미치려면 질량이 어느 정도 되어야 하는지 계산했고, 결과는 지구의 약 7배였다. 하지만 몹시 희미한 명왕성이 지구보다 질량이 7배나 더 나간다는 추산에 대해서 과학자들은 의구심을 느꼈다(그렇게나 크다면 더 많은 빛을 반사할 터이므로 더 밝아 보여야 했다). 그리하여 명왕성의 질량

76 대부분의 다른 언어에서도 명왕성은 "지하 세계의 신"을 뜻하는 단어로 불린다. 예를 들어 힌디어에서 명왕성을 뜻하는 "야마"는 힌두교, 시크교, 불교에서 죽음과 지하 세계를 관장하는 신인 "야마라자"에서 비롯되었다. 마찬가지로 마오리어에서 명왕성을 의미하는 "휘로"는 마오리 신화에서 지하 세계에 존재하는 모든 악의 화신인 "휘로테티푸아"에서 비롯된 것이다.

을 계산한 값은 1931년에 지구 질량의 0.5-1.5배로 수정되었고, 이후에도 20세기 내내 감소했다. 네덜란드의 천문학자 제러드 카이퍼는 1948년에 명왕성 질량이 지구의 10퍼센트에 불과하다고 계산했지만, 이 역시 지나치게 큰 수치였다.

1978년에 천문학자 로버트 해링턴과 짐 크리스티가 미국 해군성 천문대에서 명왕성의 위성인 카론을 발견했다. 그들이 카론의 궤도를 바탕으로 계산한 명왕성의 질량은 지구의 0.15퍼센트에 불과했다(이는 실제 명왕성과 약간 차이가 나는 수치로, 지금의 계산에 따르면 지구 질량의 약 0.22퍼센트이다). 이는 천왕성의 독특한 궤도를 설명하기에는 너무 작은 질량이었으므로, 과학자들은 명왕성 너머에 있을 또다른 행성을 찾기 시작했다. 하지만 보이저 2호가 1986년에 천왕성을 지나고 1989년에는 해왕성을 통과하여 천문학자들에게 두 천체의 더 정확한 궤도와 질량을 알려주면서 탐색은 중단되었다(천왕성과 해왕성을 방문한 로켓은 보이저 2호뿐이다). 새로운 측정값들을 모두 고려하면, 천왕성과 해왕성 궤도는 천문학자들이 생각했던 것처럼 그리 독특하지 않았고, 로웰이 생각한 "행성 X"도 필요 없었다. 로웰이 행성 X의 위치로 예상한 곳과 톰보가 명왕성을 발견한 곳이 일치한 것은 그저 신기한 우연의 일치였다.

이후 20세기 말 동안 해왕성의 궤도 너머에서 또다른 행성 대신 수많은 작은 천체들이 발견되었고, 이 공간은 제라드 카이퍼의 이름을 따서 카이퍼 벨트로 불리기 시작했다. 카이퍼 벨트는 일종의 소행성대이지만 화성과 목성 사이에 자리한 소행성대보다 훨씬 넓고(너비 기준으로 약 20배) 질량도 훨씬 크다(최대 200배 많은 물질이 존재한다). 카이퍼 벨트 천체들에 대한 탐색은 1990년대 초 영국계 미국인 천문학자 데이비드 주잇과 베트남계 미국인 천문학자 제인 루가 명왕성 너머로 2개의 천체를 처음 발견하면서(1992년에 QB1, 1993년에 FW) 본격적으로 시작되었다. 이제까지 발견된 카이퍼 벨트 천체는 2,000개가 넘지만 더 먼 태양계 가장자리에는 10만 개가 넘는 작은 얼음덩어리가 떠다닐 것으로 추정된다.

2005년 캘리포니아 샌디에이고 외곽에 자리한 팔로마 산 천문대 소속의 천문학자 마이크 브라운, 채드 트루히요, 데이비드 라비노비츠가 카이퍼 벨트에서 새로운 천체를 발견했다고 발표했다. 처음에 이 천체는 2003 UB313으로 불렸으나 이후 (그리스 신화에서 분쟁과 불화의 여신으로 등장하는) "에리스"로 불렸다. 에리스도 명왕성처럼 공식적인 발견이 이루어지기 훨씬 전인 1954년에 "이미" 촬영된 이미지가 있었다. 브라운은 에리스를 발견하고 몇 달 뒤에 관측된 에리스의 위성을 토대로 에리스가 명왕성보다 질량이 27퍼센트 크다는 사실을 알아냈다. 이는 1846년에 발견된 해왕성의 위성인 트리톤 이후 태양계에서 발견된 천체 중 질량이 가장 큰 천체였다.

전 세계 언론은 이를 "열 번째 행성"으로 불렀지만, 천문학자들 사이에서는 이를 두고 격렬한 논쟁이 일어났다. 많은 천문학자들이 에리스는 물론이고 비슷한 시기에 카이퍼 벨트에서 발견된 마케마케, 하우메아 같은 천체들은 태양계 행성이 8개뿐이라는 사실을 뒷받침한다고 주장했다. 또다른 행성이 있다면 그 수가 무려 53개에 이르러야 한다는 것이 그들의 논리였다. 일부 천문학자들은 명왕성의 분류가 다시 이루어져야 한다고 생각했으나 대중이 어떻게 반응할지에 대해서는 조심스러웠다. 2000년 뉴욕에 있는 하이든 천문관이 명왕성을 제외한 8개의 행성만으로 이루어진 태양계 모형을 전시하자, 천문관을 방문한 많은 명왕성 팬들이 불만을 표시했고 전 세계 언론은 이를 머리기사로 실었다.

논란은 2006년 국제천문연맹이 태양계 행성의 공식적인 정의를 투표로 정하기로 하면서 정점에 이르렀다. 펄서를 처음 발견한 조슬린 벨 버넬이 의장을 맡은 회의에 참석한 회원들은 연맹이 제안한 행성의 정의 방식에 대해서 투표했다. 연맹의 제안은 찬반 투표를 통과했고 이제 태양계 천체는 다음 세 가지 기준을 충족해야 행성으로 분류될 수 있다.

i 태양을 중심으로 궤도 운동을 해야 한다.
ii "정역학적 평형" 상태여야 한다(울퉁불퉁한 감자 같았던 소행성이 중력으로 인해서 구 형태로 변하려면 질량이 그만큼 커야 한다).
iii 궤도 주변이 말끔해야 한다.

명왕성과 카이퍼 벨트의 다른 천체들은 태양계에서 서로 이웃하며 지내는 탓에 세 번째 기준을 충족하지 못한다.[77] 대신 이들은 세레

77 명왕성의 열렬한 팬들은 이 같은 정의를 따른다면 목성 역시 앞뒤로 소행성이 몰려 있으므로(트로이 소행성군) 행성이 될 수 없다고 주장한다. 하지만 거대한 목성과 조그마한 소행성들은 질량 차이가 몹시 크다. 한편 카이퍼 벨트를 떠다니는 천체들의 질량은 명왕성과 매우 비슷하다. 이러한 면에서 목성과 명왕성은 비교 대상이 될 수 없다.

스를 비롯한 다른 소행성대 천체들과 함께 "왜소행성dwarf planet"으로 분류되었다. 이 같은 결정에 대해서 전 세계 사람들의 반응은 그리 호의적이지 않았다. 심지어 미국 언어연구회는 2006년에 "무엇인가의 가치를 깎아내리다"를 뜻하게 된 "plutoed(명왕성이 되다)"를 올해의 단어로 꼽았다. 내가 인터넷에서 이 이야기를 꺼낼 때마다 엄청난 반발에 부딪히는 것을 보면 논란은 아직 끝나지 않은 듯하다. 명왕성을 최소한 "왜소행성의 왕"으로는 생각할 수 있다고 명왕성 팬들을 아무리 달래도 소용없다.

왜소행성이라고 불리기 시작한 천체들에 관한 연구가 2000년대 후반부터 본격화되면서 설명하기 힘든 독특한 궤도가 더 많이 발견되었다. 예를 들면 왜소행성인 세드나는 이른바 "분리" 궤도를 돈다. 카이퍼 벨트의 다른 "해왕성 바깥 천체(TNO)"들과 달리 세드나는 해왕성의 궤도를 통과하지 않는다. 세드나는 타원 궤도를 돌기 때문에 태양과 가장 가까이 있을 때도 해왕성이 태양과 가장 멀리 있을 때의 지점보다 더 멀리 있다(한편 명왕성과 에리스는 궤도를 돌면서 해왕성의 원일점보다 태양에 가까이 다가간다. 두 천체는 아마도 태양계가 형성되었을 때 해왕성의 중력으로 인해서 지금의 궤도를 돌게 되었을 것이다). 실제로 세드나의 궤도는 해왕성보다 3배 크고 뚜렷한 타원 형태를 띠는데, 이 궤도를 한 바퀴 도는 데에는 지구의 시간으로 1만1,000년이 걸린다. 세드나는 어쩌다가 이처럼 이상하고 먼 궤도를 돌게 되었을까? 한 가지 가능성은 성간 공간을 떠돌던 세드나가 태양의 중력에 이끌렸다는 것이다. 다른 하나는 세드나의 궤도 중심이던 다른 별이 태양을 지나며 상호작용하다가 세드나가 떨어져 나와 태양계로 옮겨왔을 가능성이다. 하지만 무엇보다도 흥미진진한 가능성은 태양계 테두리에 존재하는 또다른 거대질량 행성이 세드나를 끌어당겼을지도 모른다는 것이다.

세드나를 발견한 주인공인 미국의 천문학자 마이크 브라운(그는 에리스도 발견하여 명왕성을 행성의 지위에서 탈락시키면서 "명왕성 킬러"라는 별명을 얻었다)이 가장 좋아하는 시나리오는 세 번째 가능성이다. 2010년대 초 세드나처럼 아주 멀리서 분리 궤도를 도는 천체가 6개 더 발견되었고, 브라운과 그의 칼텍 동료이자 러시아계 미국인 천문학자인 콘스탄틴 바티긴은 이 천체들을 본격적으로 조사하기 시작했다. 그들은 이러한 천체들이 태양과의 거리가 비슷할 뿐 아니라 태양계 먼 곳에 있는 어떤 물체의 영향을 받는 듯 같은 평면에서 궤도를 돈다는 사실을 발견했다. 브라운과 바티긴은 이를 근거로 지구보다 질량이 5–15배 큰 또다른 행성이 태양계 가장자리에서 궤도를 돌고 있을 확률이 매우 높다고 주장했다.

하루아침에 브라운과 바티긴은 태양계의 "아홉 번째 행성"에 대한 탐색에 다시 불꽃을 지폈지만, 칼 세이건의 말처럼 "파격적인 주장에는 파격적인 증거가 있어야 한다." 아홉 번째 행성은 여전히 가상의 행성이며 수많은 노력에도 불구하고 아직 발견되지 않았다. 태양계의 또다른 행성을 찾으려는 노력 중 하나로 시민들이 자발적으로 구성한 온라인 과학 플랫폼인 "주니버스Zooniverse"를 꼽을 수 있다.[78]

---

78 전 세계 230만 명이 넘는 사람들이 http://www.zooniverse.org/에서 이루어지는 여러 연구 프로젝트에서 엄청난 양의 데이터를 분류하는 작업을 자발적으로 돕고 있다. 주니버스는 영국의 천체물리학자이자 옥스퍼드 대학교 교수인 크리

주니버스의 자원봉사자들은 톰보가 명왕성을 찾은 방식과 비슷한 방식으로 미국 항공우주국의 광역 적외선 탐사 위성(WISE)이 보낸 적외선 이미지들을 비교하여 위치가 변한 천체가 있는지 분석했다. 이 프로젝트는 "아홉 번째 행성"을 찾지는 못했지만 태양계 너머에서 131개의 새로운 갈색왜성을 발견하면서 앞으로 계속 이어질 아홉 번째 행성 탐색에서 배제해야 할 영역을 상당히 많이 찾아냈다.

아홉 번째 행성 탐색이 이처럼 어려운 까닭은 또다른 행성이 실제로 존재한다면, 지구와 태양 사이의 거리보다 500배 먼 거리에서 궤도를 돌고 있을 것으로 예상되기 때문이다. 이는 태양을 중심으로 궤도를 한 바퀴 돌려면, 매우 오랜 시간이 걸린다는 뜻이므로 인간에게 익숙한 시간의 틀에서는 그다지 긴 거리를 이동하지 않을 것이다. 그러므로 세드나 같은 천체들처럼 설명할 수 없는 궤도 운동을 할 "아홉 번째 행성"은 여전히 이론적이고 발견하기 힘든 존재로 남아 있다.

그러나 야코프 숄츠와 제임스 언윈은 2020년에 발표한 논문에서 이처럼 설명할 수 없는 현상을 얼핏 보기에 전혀 상관없는 또다른 현상과 연결했다. 바르샤바 대학교는 칠레 아타카마 사막에 설치된 망원경을 통해서 광학 중력 렌즈 실험(OGLE)으로 밝기가 변한 천체를

스 린톳이 슬론 전천탐사에서 촬영된 100만 장의 은하 이미지를 분류하기 위해 시작한 "은하 동물원" 프로젝트에서 비롯되었다. 크리스는 나의 박사 과정 지도 교수였고, 나는 은하 동물원 프로젝트의 데이터를 바탕으로 은하의 진화에 관한 여러 연구의 '큰 그림'을 그리는 연구를 진행했다. 내가 박사 연구를 마칠 수 있었던 것은 은하 형태를 분류해준 약 30만 명의 자원봉사자들의 노력 덕분이며 그들에 대한 고마움은 형언하기 어려울 정도이다. 당신이 그 30만 명 중 한 사람이라면 감사하다는 말을 꼭 전하고 싶다.

탐색한다. 천체의 밝기 변화는 별의 진동 때문일 수도 있고 초신성의 탄생 때문일 수도 있으며, **미시 중력 렌즈**microlensing 사건 때문일 수도 있다. 미시 중력 렌즈 사건은 중성자별이나 블랙홀처럼 밀도가 높은 천체가 배경을 이루는 별을 지날 때에 일어난다. 별에서 나온 빛이 고밀도 물체가 왜곡한 공간을 지나면서 휘면, 마치 렌즈를 지나간 것처럼 순간적으로 밝기가 강해지기 때문이다. 이 같은 별의 밝기 변화 정도와 지속 시간을 토대로 아인슈타인의 일반상대성 공식을 적용하여 계산하면, 렌즈 역할을 하는 고밀도 물체의 질량을 가늠할 수 있다.

1992년에 시작된 OGLE 탐색은 우리은하에서 블랙홀들이 일으킨 여러 중력 렌즈 사건을 발견했고, 이것들은 모두 별이 초신성이 되면서 태양 질량의 약 3배인 톨먼-오펜하이머-볼코프 한계를 넘는 블랙홀로 변한 것이었다. 하지만 OGLE 팀은 우리은하 가운데를 향하는 방향에서(태양계 단면을 지나는 방향이기도 하다) **지구** 질량의 0.5-20배에 불과한 물체가 일으키는 6번의 아주 짧은 미시 중력 렌즈 사건도 관측했다. 이처럼 질량이 작은 물체는 어느 항성계에서 형성된 뒤 궤도를 이탈하여 자유롭게 떠다니는 떠돌이 행성들의 무리이거나 **원시** 블랙홀의 무리 중 하나이다. 원시 블랙홀은 우주의 밀도가 훨씬 높았던 초기 우주에서 형성되었을 가상의 블랙홀을 뜻하며, 실재한다면 가장 오래된 블랙홀일 것이다. 스티븐 호킹이 1970년대에 제시한 주장에 따르면 초기 우주에서 충분한 양의 물질이 무작위적으로 응집했다면, 이론적으로 아주 작은 블랙홀이 형성될 수 있다.

숄츠와 언윈은 "아홉 번째 행성이 원시 블랙홀이라면?"이라는 제목의 논문에서[79] 브라운과 바티긴이 예측한 아홉 번째 행성의 질량(지구 질량의 5-15배)과 OGLE 팀이 관측한 미시 중력 렌즈 사건을 일으킨 물체의 질량 범위(지구 질량의 0.5-20배)가 무척 비슷하다는 사실을 지적하며 두 가지가 서로 연관되어 있을지도 모른다고 주장했다. 아홉 번째 행성은 태양계 중력에 포획된 떠돌이 행성이거나 원시 블랙홀이며 이 물체가 OGLE 팀이 관찰한 미시 중력 렌즈 사건을 일으켰을지도 모른다.

아홉 번째 행성의 포획은 비교적 크기가 클 가상의 이 행성이 태양계 가장자리에서 어떻게 존재하게 되었을지에 관한 하나의 가능성일 뿐이다. 또다른 가능성으로는 1) 현재 궤도를 돌고 있는 곳에서 형성되었을 가능성과 2) 태양과 더 가까운 곳에서 형성되었다가 바깥으로 이동했을 가능성이 있다. 하지만 첫 번째 가능성은 밀도가 그리 높지 않은 태양계 가장자리에서는 45억 년 안에 작은 돌들이 모여서 그렇게 큰 행성이 될 수 없으므로 불가능하다. 두 번째 가능성에도 문제가 있다. 우선 행성이 돌던 궤도를 멈추고 다른 궤도를 도는 사건이 일어나야 하는데, 이 같은 사건은 다른 별과의 상호작용이 원인일 것이다. 하지만 이러한 일이 일어날 가능성은 높지 않다. 그러므로 두 가능성보다는 중력에 의한 아홉 번째 행성의 포획 가설이 유력하다.

행성계 형성 모형들에 따르면, 암석 조각들이 별 주위에서 중력에

---

79 클릭을 할 수밖에 없는 제목이다. 나는 이 논문 제목을 보고 새로 발표된 그 어떤 논문보다 빠르게 마우스 버튼을 눌렀다.

9센티미터 지름의 원. 태양계 가장자리에 질량이 지구의 5배인 원시 블랙홀이 숨어 있다면 위의 크기만 할 것이다.

의해 서로 충돌하고 합쳐지다가 행성이 되는 과정 동안에 수많은 미행성(아주 작은 행성)들이 아수라장을 벗어나 성간 공간으로 튕겨나온다. 2017년 태양계에 진입하여 이곳 지구에서 불과 24,200,000킬로미터 떨어진 곳을 지나간 "오무아무아" 역시 그런 미행성으로 여겨진다. 24,200,000킬로미터는 지구와 태양이 이루는 거리의 약 16퍼센트이다. 몹시 장대한 우주에서(우주의 어마어마한 길이를 상상할 수 있더라도 공간은 3차원이므로 상상한 길이를 세제곱 해야 한다) 이 같은 사건은 아주 드물게 일어나며 태양이 떠돌이 천체를 중력으로 포획하는 사건은 더더욱 드물다. 하지만 포획의 가능성은 포획되는 천체가 돌로 이루어진 행성이든 밀도가 매우 높은 원시 블랙홀이든 다르지 않다.

아홉 번째 행성이 블랙홀이라는 가설은 우리가 발견하지 못한 이유를 설명해준다는 점에서 매력적이다. 주니버스 같은 최근 탐색에서뿐만 아니라 다른 카이퍼 벨트 물체들을 발견한 지난 수십 년간의 탐색들에서도 발견되지 않았다. 우리는 블랙홀에서 어떤 빛도 감지할 수 없으며 블랙홀의 영향을 직접 받을 만큼 가까이 갈 수도 없다. 아홉 번째 행성이 지구 질량의 5배인 블랙홀이라면 사건의 지평선은 테니스공 크기인 9센티미터 정도일 것이다.

나는 이 가설이 사실이기를 간절히 바라지만 아홉 번째 행성이 원시 블랙홀이라는 것은 그 증거를 찾기가 몹시 어렵다는 뜻이다. 하지만 원시 블랙홀이 우주 초기부터 지난 약 130억 년 동안 존재했다면, 그 주변으로 물질이 띠를 이루며 빛을 낼 것이다. 물질들이 강착원반을 형성하지 않더라도 주변에 응집하여 이동하기만 해도 주변보다 밀도가 훨씬 높아진다. 밀도가 높은 곳일수록 몹시 희박한 반물질이 물질과 만날 가능성이 커진다. 우주에 물질이 반물질보다 훨씬 많은 것은 다행한 일이다. 그렇지 않다면 별은 물론이고 우리가 살면서 접하는 그 무엇도 존재할 수 없다. 물질이 반물질과 만나면 에너지가 가장 높은 빛인 감마선의 순수한 에너지로 전환되기 때문이다.

그러므로 태양계에도 작은 블랙홀이 있다면 현재 지구 주위를 돌고 있는 감마선 망원경에 방사선이 감지되어야 한다. 이제는 광학과 적외선을 활용하는 천문학자들뿐 아니라 감마선 천문학자들까지 아홉 번째 행성 탐색에 뛰어들고 있다. 우리와 가장 가까운 블랙홀이 광년 단위가 아닌 광시 단위의 거리에 있을지도 모른다는 생각은 냉철한 천체물리학자들의 심장마저도 두근거리게 한다. 나 역시 아홉 번째 행성이 블랙홀이라는 이론적 증거가 무척 설득력 있게 들리지만 나는 블랙홀 과학자이므로 편견으로부터 자유롭지는 못할 것이다. 블랙홀이 바로 문 앞에 있다면 이는 우주가 내게 주는 최고의 선물일 것이다.

10

슈퍼매시브 사이즈 미*

내가 매일같이 하는 말들 중 하나는 "모든 은하의 중심에는 초대질량 블랙홀이 있다"이다. 나는 아무렇지 않게 이 말을 한다. 하늘은 푸르고, 지구는 둥글며, 테일러 스위프트는 우리 시대 최고의 작사가[80]라는 말처럼 별다른 생각 없이 말한다. 이를 인류가 당연히 아는 사실이라고 여기기 때문일 것이다. 하지만 불과 50년 전만 해도 내가 그런 말을 했다면, 동료 물리학자들은 믿을 수 없어하며 아마도 박장대소했을 것이다. 과학자들의 태도가 하루아침에 변한 것은 아니다. 블랙홀에 대한 사람들의 생각이 변하기까지는 수십 년이 걸렸고 이는 과학 이론이 어느 순간 온전한 형태로 느닷없이 나타나는 것이 아니

80 나처럼 테일러 스위프트의 팬이라면 "솔직해야 한다는 구실로 아무렇지도 않게 잔인하게 구는"이라는 가사가 떠오를 것이다.

* 다큐멘터리 영화 「슈퍼 사이즈 미」의 제목을 패러디한 것.

라 긴 시간에 걸쳐서 만들어진다는 사실을 다시금 떠올리게 한다.[81] 과학자들이 처음에 손에 쥔 것은 몇 조각의 퍼즐뿐이고 완성된 퍼즐의 밑그림은 없으므로 자신들의 연구가 어디로 향할지 알 수 없다. 증거가 점차 쌓여야 큰 그림이 형태를 갖추기 시작한다. 처음에는 연관이 없어 보였던 조각들이 맞춰지면서 사람들이 받아들일 만한 이론이 드러나는 것이다.

초대질량 블랙홀의 첫 퍼즐 조각은 1909년에 발견되었다. 에드워드 패스라는 과학자가 캘리포니아 산호세 경계 바로 바깥에 있는 릭 천문대에서 "나선 성운spiral nebula"을 관찰한 것이다.[82] 당시 "성운"은 별처럼 보이지 않는 모든 천체를 일컫는 용어였다. 하늘에서 먼지처

---

81 톨킨의 『반지의 제왕』에서 김리 역시 난쟁이들을 유려하게 묘사했다.

82 운 좋게도 나는 릭 천문대에서 오랜 시간 밤하늘을 관측할 수 있었다. 천문대는 주로 밤하늘이 아주 맑은 지역에 지어지므로 릭 천문대에 간다는 사실에 무척 설레었다. 내가 연구하던 은하들의 이미지를 찍으려면 약 30분 동안 망원경을 노출해야 하는데, 그동안에 나는 담요를 깔고 누워 따뜻한 캘리포니아 밤공기를 마시며 별들을 바라볼 계획이었다. 천문대에 도착하자 온 천지에 퓨마를 조심하라는 경고판이 꽂혀 있었다. 천문대 직원들은 내게 걱정하지 말라며 퓨마는 먹이인 사슴이 주변에 있지 않으면 거의 나타나지 않는다고 말했다. 첫째 날 밤 나는 용기를 내어 별을 보러 바깥으로 나갔지만 5분 정도 지나자 나를 둘러싼 컴컴한 나무 사이에서 바스락거리는 소리가 들렸고 숲 경계에서 사슴 세 마리가 별빛 아래로 보였다. 그 모습에 나는 숨을 쉴 수 없었다. 나를 따라오고 있는 것이 분명할 퓨마를 피해 말 그대로 숨을 헐떡이며 망원경 건물 계단을 전력으로 뛰어올랐다. 이후 대부분의 시간을 건물 안에서만 지냈는데, 천문대 직원들이 건물 돔 가장자리에 발코니가 있다는 사실을 알려주었다. 나는 퓨마가 그렇게 높은 곳까지 올 수는 없을 거라고 확신하며 의자에 기대앉아 다리를 마구 흔들며 별을 바라볼 완벽한 장소를 마침내 찾았다.

럼 흐릿하게 보이는 모든 것은 성운이었다(성운을 뜻하는 "nebula"는 "안개," "구름"을 지칭하는 라틴어 단어이다). 1909년의 과학자들은 우리은하가 우주 전체라고 생각했으므로 우리은하 가장자리에 있는 수십만 광년 거리의 별을 지구에서 가장 먼 천체로 간주했다. 그러므로 모든 성운은 우리은하 안에 자리해야 했다. 성운은 거대한 가스 구름에서 새로운 별이 탄생하거나 별의 잔해가 초신성이 되어 외피층들을 다시 우주로 벗어던지는 곳이었다.

성운에서 나온 빛을 프라운호퍼의 분광기에 통과시켜 산란하면 고유한 지문이 나타난다. 이를 통해서 성운의 구성 물질을 알 수 있다. 하지만 특정 색이 있어야 할 곳(다시 말해서 특정 파장)에서 검은 띠가 나타나는 별과 달리 성운 같은 가스 구름에서는 일반적으로 띠가 있어야 할 곳이 다른 곳보다 오히려 더 밝게 나타난다. 키르히호프와 분젠이 황을 태웠을 때처럼 구성 물질들이 빛을 흡수하지 않고 발산하기 때문이다.

제5장에서 이야기했듯이 닐스 보어는 모든 전자는 핵과 특정 거리에서 궤도를 돌고 각 준위마다 안정적으로 궤도를 돌 수 있는 전자의 수가 정해져 있다고 설명했다. 우리는 전자가 도는 궤도의 위치를 통해서 전자가 얼마나 많은 에너지를 지녔는지 알 수 있다. 다시 말해 원자 주위에서 특정 궤도를 도는 전자들의 에너지 양은 구체적으로 정해져 있다. 하지만 주변의 별이 내보내는 자외선처럼 어디에선가 더 많은 에너지가 유입되면 전자는 위치를 바꾸어 안정적으로 원을 그릴 다음 궤도로 진입한다(이 같은 전자의 에너지 흡수 과정이 별에서도 일어난다. 에너지가 대량으로 투입되면 전자는 원자를 완전히

벗어나 이온화된다). 그러면 전자는 난생처음 카페인 음료를 마신 10대처럼 "들뜬 상태"가 된다.

그러나 원자에서 전자는 항상 잠이 쏟아지는 10대처럼 가능한 한 가장 낮은 에너지 상태에 있고 싶어하므로 들뜬 상태에서 벗어나려고 한다. 따라서 에너지를 내보낼 수 있으면 바로 내보내 원래의 궤도로 돌아온다. 앞에서도 말했듯이 전자가 안정적으로 원자 주위를 돌 수 있는 위치는 정해져 있으므로 전자가 원래의 궤도로 돌아오면서 내보내는 에너지의 양은 항상 정확히 같다. 이 에너지는 빛의 형태로 발산된다. 항상 같은 양의 에너지가 나오므로, 발산되는 빛의 파장이 같고 따라서 빛의 색도 항상 같다. 수소는 짙은 빨강인 656.28나노미터의 파장에서 많은 빛을 내보낸다. 환하게 빛나는 커다란 수소 가스 구름의 빛을 프리즘에 통과시켜 무지갯빛으로 산란하여 각 색을 지닌 빛의 양을 분석하여 도표로 그리면, 656.28나노미터의 붉은빛에서 봉우리가 솟은 종유석 형태가 된다.

이처럼 빛을 분광기로 산란할 때 나타나는 종유석 형태의 도표에서 봉우리를 이루는 색을 알면 어떤 원소가 존재하는지 알 수 있으므로, 이는 관찰한 성운의 종류를 이해하는 데에 핵심이 된다. 가령 수소가 많다면 새로운 별들이 탄생하는 성운일 확률이 높고, 산소, 탄소, 질소의 색이 나타난다면 별이 생애를 마치고 초신성이 된 성운일 확률이 높다.

패스가 성운을 관찰한 1909년으로 돌아가보자. 그는 새로운 종류의 성운인 "나선 성운"의 빛에서 초신성의 잔해나 순수한 수소 가스의 흔적을 찾으려고 했다. 하지만 그가 발견한 것은 초신성이나 순수한 수소가 아니라 수소와 더 무거운 원소들을 **모두** 포함하는 별의 무리를 관찰할 때 나타나는 흔적이었다(빛의 흡수 역시 관찰되었다). 패스 자신은 알지 못했지만, 그는 우리은하처럼 수십억 별들이 섬을 이루는 또다른 은하를 관찰하고 있었던 것이다. 이는 우주의 크기에 대한 퍼즐을 맞추는 데에 필요한 첫 실마리였다. 이후 20세기의 첫 20년 동안 헨리에타 레빗, 히버 커티스, 에드윈 허블 같은 연구자들의 노력으로 "나선 성운"까지의 거리가 밝혀졌다. 마침내 과학자들은 우주가 그전까지 생각한 것보다 훨씬 더 크다는 사실을 깨달았다. 우주는 더 이상 우리은하의 독무대가 아니었다.

과학자들은 큰 충격을 받은 나머지 패스가 관찰한 "성운"이 또다른 점에서 여느 성운들과 다르다는 사실에 주목하지 못했다. 패스가 관측한 성운에는 수소, 산소, 질소가 많았을 뿐만 아니라 마치 다른 에너지원이 존재하는 것처럼 수소, 산소, 질소의 빛이 훨씬 더 강하고 밝았다. 패스는 자신도 모르는 사이에 은하를 보았을 뿐 아니라 후에 초대질량 블랙홀이라고 불릴 천체 주변에서 가스가 소용돌이칠 때 내보내는 빛을 목격한 것이었다. 물론 패스가 무엇을 본 것인지는 수십 년 후에야 밝혀졌다. 이처럼 관찰이나 실험이 먼저 이루어지고 그 의미는 아직 밝혀지지 않은 대상을 "알면서도 모르는 것"으로 일컬을 수 있을 것이다. 지난 수십 년간 이루어진 수많은 실험들이 엄청난 무엇인가를 암시하지만 그 의미를 우리가 아직 이해하지 못했을 수도 있다는 사실을 떠올리면 나는 무척 신이 난다. 데이터 과학과 "빅 데이터" 시대에는 컴퓨터 어딘가에 숨어 우리 인간의 눈을 피해간 정보가 훨씬 더 많을 것이다.

마찬가지로 천문학자와 천체물리학자 모두 수십 년 동안 "원대한 질문들"로 여겨진 문제들에 정신을 쏟느라 패스가 은하에서 전혀 다른 빛의 흔적을 관찰했다는 사실을 거의 잊었다. 그들은 1920년에 우리은하가 우주 전체가 아니라는 사실을 받아들인 후에 우주가 어떻게 시작되었는지에 주목했다. 제1차 세계대전이 끝나고 제2차 세계대전이 시작될 때까지 이어진 우주 탄생에 대한 고민은 우주가 지난 138억 년 동안 어떻게 진화하고 팽창했는지를 설명하는 빅뱅 이론 발전의 발판이 되었다. 이는 분명 가치 있는 일이었지만, 이로 인해서 블랙홀에 관한 인류의 지식 진전은 몇십 년이나 지연되었다. 1943년에야 미국의 천문학자 칼 시퍼트가 패스의 관찰 결과에 주목했고 비슷한 빛의 흔적을 지닌 6개의 은하를 관측했다. 그는 이 은하들의 수소 가스에서 나온 빛은 그래프 형태가 종유석처럼 정점이 두드러지지는 대신에 둥근 종처럼 굴곡이 완만하다는 사실을 발견했다.

시퍼트는 이처럼 완만한 곡선이 나타나는 이유는 우리에게 멀리 있던 빛이 가까이 오면 파장이 짧아지고 가까이 있던 빛이 멀어지면 파장이 길어지는 도플러 효과 때문이라고 추측했다. 은하에서 빛을 내는 수소 가스가 무엇인가의 주위로 궤도를 돌면 가스 일부는 우리를 향해 이동하고 일부는 멀어진다. 가까워지는 가스에서 발산된 빛은 전자가 궤도를 이동하면서 내보냈던 파장보다 짧아지고 우리에게서 멀어지는 가스에서 나오는 빛은 파장이 늘어난다. 그러면 날렵한 멋진 종유석 형태가 둔한 종 형태로 변해버린다. 하지만 그래프가 얼마나 완만해지는지는 수소 가스가 얼마나 빨리 움직이는지를 알려주는 무척 중요한 정보이다. 가스의 이동 속도를 알면 가스 궤도 운동

의 기준이 되는 물체의 질량을 계산할 수 있다.[83]

시퍼트가 6개의 은하에서 측정한 도플러 이동은 **무척 컸다.** 전에는 볼 수 없던 매우 높은 수치였다. 그렇다면 당신은 당시 사람들이 이처럼 몹시 완만한 파장의 그래프를 그리는 빛이 나오려면 질량이 아주 큰 무엇인가가 은하에 있어야 한다는 사실을 깨달았으리라고 짐작할 것이다. 하지만 당시에는 시퍼트의 관찰을 이해할 수 있는 지식이 완성되지 않은 상태였다. 이론물리학자들이 블랙홀 개념을 진지하게 받아들인 것은 20년이 흘러 스티븐 호킹과 로저 펜로즈의 연구가 이루어진 1960년대 후반이었다.

전후 시대에 시퍼트의 발견 외에도 여러 새로운 사실들이 밝혀졌다. 제2차 세계대전 동안 멀리 있는 희미한 전파 신호를 탐지하려던 노력은 전파 기술이 크게 발전하는 계기가 되었다. 전쟁이 끝나자 지상 전파를 감지하던 안테나들은 우주를 향했고 전파 파동을 탐지하는 망원경이 영국 맨체스터[84]와 케임브리지(이곳에서 휴이시와 벨 버

---

83 나 역시 박사 과정 동안 카나리아 제도에 있는 라 팔마 섬에서 은하들을 관찰한 후 정확히 같은 방식으로 은하 중앙에 있는 초대질량 블랙홀의 질량을 측정했다. 나는 이 같은 작업이 내 일이라는 사실뿐 아니라 인류가 이것을 할 수 있다는 사실이 무척 감격스럽다. 앞으로도 수없이 블랙홀 질량을 계산하겠지만, 인류가 화학, 양자물리학, 천체물리학 지식의 파편들을 모아 수십억 광년 떨어진 초대질량 블랙홀의 질량을 알아냈다는 사실에 매번 감동할 것이다.

84 영국에서 비가 가장 자주 내리는 곳들 가운데 하나인 맨체스터는 망원경 관측에 부적합하다고 생각하는 사람이 많을 것이다(대서양에서 유입되는 비구름이 잉글랜드 중앙을 관통하는 페나인 산맥에 부딪혀 멈추면, 대서양에서 흡수된 물이 전부 북서 지역을 적시는 지긋지긋한 지형성 강우 때문이다. 랭커셔 출리에서 자란 내게는 매우 익숙한 현상이다). 하지만 전파천문학의 큰 장점은 하늘이 꼭

넬이 펄서를 발견했다)에서부터 오스트레일리아 시드니 외곽에 이르기까지 세계 곳곳의 천문대에 설치되었다. 지구의 전파 신호가 아닌 훨씬 먼 우주의 희미한 전파 신호를 감지하기 위해서 안테나가 점점 더 커지면서 전파천문학이 탄생했다.

전파천문학자들은 자신이 탐지한 새로운 천체들을 목록으로 작성하면서 여러 퍼즐 조각들을 발견했다. 첫 번째 조각은 하늘에서 감지되는 가장 강한 전파 신호 중 하나가 궁수자리 방향에서 나타나는 현상이었다. 1931년에 전파천문학의 아버지인 카를 잰스키가 궁수자리 방향에서 오는 전파를 탐지했고, 이후 오스트레일리아의 천문학자 잭 피딩턴과 해리 미넷이 1951년에 시드니 포츠 힐에서 전파망원경으로 우리은하 중심 방향에서 이 전파가 비롯되는 밝은 지점을 관측했다(천문학자들은 그전에 이미 우리은하의 중심 방향에 궁수자리가 있다고 합의했다. 도시 외곽을 바라봤을 때보다 도시 중심을 바라봤을 때 더 많은 빛이 모여 있듯이, 궁수자리로 향할수록 관측되는 별이 더 많다[85]). 두 번째 퍼즐 조각은 하늘에서 온갖 방향으로 흩어져

맑지 않아도 된다는 것이다. 흐린 날이나 비오는 날에도 좋아하는 라디오 프로그램을 아무 문제 없이 들을 수 있는 것은 전파 파동이 구름을 쉽게 통과하기 때문이다. 놀랍게도 전파 망원경은 한낮에도 사용할 수 있다. 단 한 가지 조심해야 할 점이 있다. 전파 망원경은 매우 미세한 빛을 관측하기 위해서 설계되었으므로 직사광선에 노출되면 망원경이 녹을 수 있어서 태양을 직접 향하게 해서는 안 된다.

85 우리는 모두 우리은하 내부에 있기 때문에 그 형태를 이해하기란 천문학자들에게도 쉽지 않은 일이었다. 집 밖으로 나가지 않고 내가 사는 도시의 지도를 그린다고 상상해보라!

있는 많은 수의 전파 발산 천체가 가시광선으로 관찰되는 어떤 천체와도 위치가 같지 않다는 사실이었다. 사람들은 전파 파동을 일으키는 천체들이 너무 멀리 있어서 이 천체들이 내보낸 가시광선은 당시의 광학망원경으로는 감지할 수 없을 만큼 약해졌을 것이라고 추측했다.

제2차 세계대전 이후 전파천문학과 함께 말 그대로 풍선과 로켓을 이용한 X선 천문학도 부상했다. 제7장에서 이야기했듯이 자코니가 전갈자리 X-1을 발견했고, 이오시프 시클롭스키가 우리은하에 자리한 태양보다 질량이 조금 더 큰 블랙홀(그리고 중성자별) 주변의 강착을 통해서 전갈자리 X-1의 작용을 규명했다. 하지만 X선 천문학이 인기를 끌면서 사람들은 매우 희미하지만 에너지는 몹시 높은 다른 X선 광원들도 찾아냈다. 이처럼 매우 희미한 미지의 광원(준항성체를 뜻하는 "퀘이사"라고 불린다)에서 비롯된 강력한 에너지의 X선은 가늠할 수 없을 만큼 거대한 물체 주변에서 일어나는 강착으로 설명할 수 있다. 1969년에 영국의 천체물리학자 도널드 린든-벨[86]이 퀘이사에서 나오는 엄청난 양의 에너지는 내부 붕괴하는 거대한 천체(우리은하에서 전갈자리 X-1에 동력을 제공하는 물체보다 훨씬 큰)에 일어나는 강착으로 설명할 수 있다고 처음 제안하면서 모든 은하 중심은 이 같은 방식으로 붕괴했을 것이라고 주장했다. 심지어 그는 우리은하가 "죽은 퀘이사"(더 이상 물질을 강착하지 않는 붕괴한 물

---

86 린든-벨 역시 영국의 유명 물리학자로 왕립 천문학회 회장을 지냈으며, 1972년에는 호일이 이끌던 이론천체학 연구소와 케임브리지 천문대가 합쳐지면서 케임브리지 대학교 천문학 연구소의 초대 소장이 되었다.

체)일 수 있다고도 제안했다.

그리고 1990년에 마침내 허블 우주망원경이 발사되어 X선과 전파가 비롯된 곳에서 가시광선 역시 탐지되면서 그곳이 아주 멀리 있는 은하들이라는 사실이 확인되었다. 은하들이 매우 멀리 있다면 X선과 전파 파동이 처음 추측한 것보다 훨씬 밝을 것이므로 태양보다 질량이 고작 몇 배 큰 블랙홀이 강착하면서 일으키는 빛보다 훨씬 강해야 했다. 실제로 허블 전파망원경 관측을 바탕으로 은하들까지의 거리가 엄청난 규모로 수정되자, 천문학자들은 X선과 전파 파동들이 우리은하 중심 방향에서 관찰되는 매우 희미한 X선보다도 훨씬 밝다는 사실을 깨달았다. 그렇다면 논리적으로 내릴 수 있는 결론은 먼 은하들뿐 아니라 우리은하에도 질량이 몹시 큰 천체가 있어 그 주위로 강착이 일어난다는 것이었다. 우리은하의 중심 방향에서 그러한 물체는 전혀 발견되지 않았으므로 사람들은 이를 "거대 암흑물체"라고 불렀다. 엄청나게 거대한 블랙홀의 존재를 믿기 힘들어하는 사람들 때문에 붙은 이름이었다.

우리은하의 중심에서 어떤 일이 벌어지고 있는지에 대한 관심은 1990년대에 정점에 이르렀다. 문제는 우리은하 중심은 수많은 먼지와 별이 시야를 가로막고 있어서 관측하기가 몹시 어렵다는 것이다. 하지만 희망이 전혀 없지는 않았다. 이번에는 적외선 천문학이 빛을 발했기 때문이다. 가시광선보다 파장이 긴 적외선 빛은 아주 작은 먼지 주변을 쉽게 통과하며 우리가 은하의 중심을 볼 수 있도록 도와준다. 캘리포니아 대학교 로스앤젤레스 캠퍼스의 천체물리학자 앤드리아 게즈는 이 같은 적외선 기술을 통해서 약 10년 동안 하와이의 마우나케아에 있는 켁 망원경으로 우리은하 중심에 있는 별들의 위치를 관측했다.[87] 게즈 팀은 별들의 위치가 어떻게 변하는지 기록하여 정확한 궤도를 가늠했다. 이는 태양계에서 소행성을 탐색하는 방식과 동일하다. 과학자들은 소행성이 밤마다 위치를 어떻게 바꾸는지 관측하여 태양을 중심으로 어떤 궤도를 도는지 파악한다. 우리은하 중심에 있는 별들의 궤도를 알아낸다면 궤도 중심에 있는 물체의 질량도 알 수 있다. 우리은하의 중심에는 시간당 약 1,800만 킬로미터의 속도로 움직이며 불과 16년 만에 궤도 한 바퀴를 완주하는 별도 있다. 한편 태양은 시간당 "고작" 약 72만 킬로미터를 이동하므로 궤도 한 바퀴를 다 도는 데에 2억5,000만 년이 걸린다.

2002년에 게즈 프로젝트의 결과가 발표되면서 천문학자들은 마침

---

87 마우나케아 역시 내가 운 좋게 천문학자로서 방문할 수 있었던 곳이다. 나는 그곳에서 칼텍 서브-밀리미터 망원경("골프공"이라는 애칭으로도 불린다)으로 6일간 하늘을 관측한 뒤 이틀 동안 해수면에서 스노클링을 즐겼다(나는 천체물리학자가 되지 않았다면 해양생물학자가 되었을 것이다). 높이가 4,207미터에 달하는 마우나케아 산에서 지내는 동안에는 고산병을 심하게 앓았다. 내 몸이 산소를 충분히 얻지 못한다고 생각해서 밤에 잠을 자는 것은(뿐만 아니라 밤새 관측을 마치고 낮 동안 종일 자는 것은) 불가능했다. 잠이 들려고 할 때마다 높은 곳에서 떨어지는 것 같아 소스라치며 눈이 떠지는 기분을 아는가? 산소가 많지 않은 곳에서 지내면 그런 일이 일어난다(이를 근간대성 경련이라고 한다). 나는 해수면 고도로 내려온 뒤 15시간을 내리 잤다. 고도가 높아 산소가 희박한 지역에서는 뇌가 얼마 없는 산소를 내부 장기로 보내려고 하므로 눈도 제대로 작동하지 않기 때문에 망원경 건물 밖으로 나와 별을 보더라도 제대로 볼 수가 없었다. 그래서 산소 캔을 입에 대고 흡입하면 수천 개의 희미한 별들이 보이기 시작하면서 눈앞에서 말 그대로 빛의 폭발이 일어났다. 이는 마법과 같은 경험이었다. 하지만 건강과 안전에는 그다지 좋지는 않을 것 같다.

내 은하 중심에 자리한 암흑 물체의 질량이 태양보다 400만 배 크다는 사실을 알게 되었다. 이 물체는 지구와 태양 사이의 거리보다 16배 넓은 면적에 자리했다(참고로 천왕성은 지구와 태양 사이의 거리보다 19배 먼 곳에서 궤도를 돈다[88]). 그렇게 질량이 큰 무엇인가가 비교적 작은 공간에 자리하고 있고 어떤 파장의 빛으로도 관측할 수 없다면 그 정체는 초대질량 블랙홀일 수밖에 없었다.[89] 엔드리아 게즈는 처음으로 별들의 궤도를 바탕으로 은하 중심의 물체를 연구한 독일의 천체물리학자 라인하르트 겐첼, 1960년대에 스티븐 호킹과 함께 블랙홀이 자연의 불가피한 현상이라는 사실을 보여준 영국의 수학자 로저 펜로즈와 2020년에 노벨 물리학상을 받았다.

초대질량 블랙홀에서 일어나는 가스의 강착은 20세기 내내 천문학자들을 당혹스럽게 한 모든 X선과 전파의 관측을 설명한다. 먼 은하들의 중심에 있는 초대질량 블랙홀은 질량이 몹시 크기 때문에 그 주위에서 소용돌이치는 가스는 온도가 아주 높아 에너지가 매우 큰 X선을 내보낸다. 가스의 온도가 이처럼 극단적으로 상승하면 원자들조차도 구성 입자로 쪼개져 전자는 더 이상 핵을 중심으로 한 궤도에 갇혀 있지 않다. 그렇다면 전하를 띤 하전 입자들이 공간을 떠다

---

88 이는 가장 가까운 별이 도는 궤도부터 중앙까지의 내부 크기이다. 초대질량 블랙홀의 실제 사건의 지평선은 태양 지름의 17배에 불과하다.

89 그러나 1990년대 초부터 초대질량 블랙홀이 하나의 블랙홀인지 아니면 여러 블랙홀의 집합인지에 대해서 천문학자들 사이에 여전히 의견이 분분했다. 실제 초대질량 블랙홀은 질량이 매우 큰 하나의 블랙홀이다. 여러 블랙홀이 모여 있다면 각각의 블랙홀이 사방으로 움직이는 매우 불안정한 상태일 것이다. 하지만 솔직히 나는 블랙홀 무리가 존재하지 않는다는 사실에 조금 실망했다!

2019년 사건의 지평선 망원경으로 메시에 87을 전파 촬영한 최초의 블랙홀.

니게 되고 이 입자들이 자기장을 통과하면서 전파를 내보낸다. 이 같은 초대질량 블랙홀의 강착 현상은 이제까지의 모든 관측을 설명하며 결국 퍼즐을 풀어주었고 후에는 "활동 은하 핵 통일 이론"으로 발전했다. 이러한 사실은 우리가 블랙홀에 대해서 얼마나 단단히 오해하고 있는지를 다시 한번 보여준다. 블랙홀은 "검지" 않을뿐더러 우주 전체에서 가장 밝은 물체이다. 절대 지나칠 수 없는 눈부시게 밝은 물질의 산이다.

우리가 몹시 뜨거운 물질이 블랙홀 주변에서 소용돌이치면서 만드는 "오렌지색 도넛" 사진을 볼 수 있다는 것은 큰 행운이다. 우리와 이웃한 은하인 메시에 87 은하 중심에 자리한 블랙홀은 인류가 최초로 촬영한 블랙홀이다. 사진에 나타난 주황빛은 블랙홀 주변에서 소용돌이치는 물질의 원반에서 감지되는 전파이다. 이 불빛에는 그 어떤 빛도 탈출할 수 없는 블랙홀의 불길한 그림자가 드리워져 있다.

가운데에 있는 검은 그림자를 사진 가장자리의 검은 부분과 비교해 보라. 우주에서 가장 무겁고 밀도가 가장 높은 물체이자, 주변에서는 물질들이 뜨겁고 격렬하게 반응하는 이곳 안에 자리한 빛은 결코 우리에게 닿지 못한다. 한편 그 바깥은 같은 우주이지만 가장 고요하고 차가우며 빛이 없는 텅 빈 공간이다. 나는 이 사진을 볼 때마다 전율한다.

11

블랙홀은 주변을 빨아들이지 않는다

블랙홀을 주변의 모든 것을 집어삼키는 우주의 진공청소기로 생각하는 사람들이 많다. 하지만 이처럼 사실과 전혀 다른 오해도 찾기 힘들다. 블랙홀은 주변을 빨아들이지 않는다.

태양계를 한 번 생각해보자. 태양계의 모든 물질 중 99.8퍼센트는 그 중심인 태양에 몰려 있다. 이처럼 태양계를 장악하는 태양은 태양계의 그 어떤 천체보다 질량이 크다. "행성의 왕"[90]으로 불리는 목성도 태양계에서 차지하는 질량이 0.09퍼센트에 불과하다. 지구는 그보다도 훨씬 적은 0.0003퍼센트이다. 따라서 태양에서 나오는 중력은 압도적이지만, 행성, 소행성, 혜성을 포함한 태양계의 다른 모든 천체는 태양으로 "빨려들지 않고" 행복하게 태양 주위를 돈다. 일반

90 목성이 과연 행성의 왕인지는 과학자들 사이에 의견이 분분하다. 내 선택은 토성이다.

상대성 이론에 따르면, 태양은 공간을 휘게 하고 행성들은 이 휜 공간에서 이동한다. 지구가 태양과 더 가까워지려면 지구의 에너지가 낮아져서 지금의 완벽한 중력 균형이 깨져야 한다.

블랙홀 주변도 마찬가지이다. 블랙홀은 질량이 몹시 많이 나가지만 크기는 비교적 작다. 앞에서 설명했듯이 태양이 블랙홀로 붕괴하면 슈바르츠실트 반지름은 2.9킬로미터에 불과할 것이다. 이때의 상황을 잠시 상상해보자. 처음에 우리는 누군가가 조명을 껐다고 생각할 뿐 그 외에는 어떤 것도 눈치채지 못할 것이다. 지구 궤도 중심에 있는 물체의 질량이 전혀 변하지 않고 지구와의 거리도 그대로라면 중력이 당기는 힘 역시 그대로일 것이므로 지구의 궤도에는 조금도 변함이 없다.

그러나 지름 약 6킬로미터의 블랙홀로 변한 태양과 너무 가까이 있는 물체는 그리 행복한 운명을 맞지 못한다. 주변 공간이 몹시 크게 휘면서 주위에 작용하는 힘이 기하급수적으로 증가하기 때문이다. 하지만 조금이라도 멀리 떨어져 있는 물체는 이 이론적 블랙홀 주변을 계속 돌며, 이제까지 지나던 궤도를 영원히 돌고 또 돌 것이다. 그러므로 내가 우리 모두 우리은하의 중심에 있는 블랙홀 주위를 돌고 있다고 말하더라도 혼란스러워할 이유가 전혀 없다. 언젠가 지구가 태양을 향해 돌진하는 것은 아닌가 하는 걱정이 불필요한 걱정이듯이, 우리은하 주변부에 있는 태양계에 그저 길을 안내하고 있을 뿐인 우리은하의 블랙홀에 대해 걱정하느라 밤잠을 설치지 않아도 된다. 태양계는 우리은하의 중심을 향해 소용돌이치고 있지 않다. 무척 안정적으로 궤도를 돌고 있으며 우리가 블랙홀로 빨려 들어가는 비극적인 결말의 시나리오는 일어나지 않을 것이다.

사실 블랙홀 안으로 무엇인가가 들어가는 일은 몹시 드물다. 그러므로 블랙홀의 질량이 그렇게 어마어마한 것은 정말 놀라운 일이다. 우리은하의 중심에 있는 블랙홀을 예로 들어보자. 우리은하의 블랙홀은 태양보다 질량이 약 400만 배나 더 나가지만 사건의 지평선은 태양 지름의 17배에 불과하다. 이를 계산해보면 태양에서 발견되는 물질의 양보다 400만 배 많은 물질이 수성의 궤도만 한 공간에 밀집해 있는 상황이다. 이처럼 밀도가 어마어마하게 높은 물체는 가까이 다가온 천체의 물질을 굳이 강착하려고 애쓰지 않을 것이라고 생각하기 쉽다. 그리고 이는 2014년 초에 생생하게 사실로 입증되었다.

앤드리아 게즈 팀이 은하 중심을 차지할 수 있는 것은 초대질량 블랙홀뿐이라는 사실을 발표한 2002년에 우리은하의 중심을 찍은 이미지에서 조금 이상해 보이는 무엇인가가 발견되었다. 이는 가스 구름으로 밝혀졌고 2012년에 과학자들은 이 가스 구름이 우리은하의 초대질량 블랙홀 주변에서 가장 위험한 구간을 향하고 있다는 사실을 깨달았다. 이는 천문학자들에게 평생 한 번 있을까 말까 한 기회였다. 더글러스 애덤스의 말처럼 "우주는 얼마나 장대하고 웅장하며 놀라우리만큼 큰지 믿기 힘들 정도로 광활하기" 때문이다.[91]

천문학자들은 실제로 일반적인 그런 실험은 하지 않는다. 우주 전체가 우리의 실험이며 우리는 우주를 여러 시기 동안, 다양한 방식으로 관찰하며 어떻게 달라지는지 기록할 뿐이다. 따라서 블랙홀과 가

---

91 『은하수를 여행하는 히치하이커를 위한 안내서』에서.

까워진 물질이 어떻게 행동하는지 알고 싶더라도 실험을 설계해서 그러한 상황을 조성하는 것은 불가능하다. 그렇다면 남은 선택지는 두 가지뿐이다. 1) 컴퓨터 시뮬레이션을 구동하여 어떤 물리학 법칙도 놓치지 않았기를 바라거나 2) 그러한 일이 실제로 일어날 때까지 수십억 년을 기다리는 것이다. "G2"라고 불리는 이 가스 구름이 우리 은하 중심에 있는 초대질량 블랙홀의 코앞까지 다가가는 일은 평생에 한 번이 아니라 10억 년에 한 번 있을까 말까 한 기회였다.

그러므로 천문학계는 가스 구름이 이후 2년 동안 서서히 흩어지는 광경을 숨죽이며 지켜보면서 2014년에는 대폭발의 불꽃놀이가 일어날 거라고 기대했다! 하지만 결말은 다소 시시했다. 앤드리아 게즈 팀이 이번에도 켁 망원경을 통해서 관측한 G2 가스 구름은 아직 멀쩡했다. 블랙홀에서 36광시만큼이나 가까워졌는데도(사건의 지평선 크기의 약 2,375배) 그다지 큰 상처 없이 은하 중심의 주변에서 고리를 이루고 있었다. 주변에 있는 별이 블랙홀의 중력에 대항하여 가스 구름의 형태를 유지해주고 있었던 것일까? 누가 알 수 있겠는가. 하지만 블랙홀이 물질을 마구잡이로 집어삼키는 진공청소기가 아니라는 사실만큼은 증명되었다. G2는 과학자들이 본 어떤 가스 구름보다 우리은하의 블랙홀에 가까이 다가갔지만 블랙홀로 "빨려 들어가" 그 한 부분이 되지 않았다. 물론 충격으로 인해서 구름보다는 비행운처럼 보이기는 했지만 언젠가는 다시 블랙홀의 중력과 싸우거나 최소한 우주 공간을 무한히 떠다닐 수 있을 만큼 건재했다.

나는 이 같은 사건들을 접할 때마다 우주 천체들을 의인화하게 된다. G2 가스 구름이 "휴" 하고 안도하며 블랙홀로부터 달아나 마주치는 다른 모든 가스 구름에게 무시무시한 코끼리 무덤[92]이 은하 가운데에 있으니 가까이 가지 말라고 경고한다. G2의 이야기는 수천 년 동안 전해져 내려오면서 부모 구름은 밖으로 나가는 아이 구름에게 다음과 같이 말한다. "오늘도 즐겁게 보내렴. 블랙홀에 너무 가까이 가지 말고! 안 그러면 G2처럼 된다!"

G2는 탈출에 성공했지만 블랙홀의 영향 아래에 들어간 가스 구름도 있다. 다른 은하들의 중심에 있는 훨씬 활동적인 초대질량 블랙홀 주변에 형성된 강착 원반에서 이를 볼 수 있다. 은하 중심까지 진입한 물질이 G2와 달리 운이 좋지 못하면 강착 원반의 재료가 된다. 이 물질들은 초대질량 블랙홀 주변을 감싼 궤도에 갇힌다. 하지만 태양 주위를 도는 행성들과 마찬가지로 이처럼 궤도에 있는 물질들은 블랙홀로 "빨려 들어갈" 위험이 없다. 어떤 이유로 에너지를 잃지 않는 한 계속 유유히 궤도를 돌 것이다.

강착 원반은 밀도가 매우 높은 곳이다. 엄청난 양의 가스가 어마어마한 속도로 움직인다. 엄청난 온도 때문에 전자와 분리되어 플라스마plasma가 된 원자핵을 비롯한 온갖 입자들이 끊임없이 충돌한다. 이는 당구공이 서로 부딪히는 것과 비슷하다. 당구봉으로 흰 공을 치면 에너지가 전달되고 흰 공이 다른 색의 공과 부딪히면 흰 공이 지녔던 에너지가 다른 공으로 이동한다. 흰 공이 다른 공과 충돌해서 가지고 있던 에너지를 거의 다 잃으면 가던 길을 멈추고, 에너지가 남아 있으면 충돌한 공과 함께 더 이동한다.

92 내가 코끼리 무덤을 가장 무서워하는 까닭은 「라이언 킹」 때문이다.

같은 상황이 강착 원반의 입자들 사이에서도 벌어진다. 무작위로 일어나는 충돌은 에너지를 이동시켜 에너지를 얻은 입자들은 블랙홀에서 멀어지고 에너지를 잃은 입자들은 궤도의 지름이 줄어든다. 이 같은 무작위 충돌이 계속 일어나면, 가스 입자들이 블랙홀을 중심으로 안정적인 궤도를 돌 수 있는 구간에서 벗어나 사건의 지평선 너머로 빨려들고 블랙홀의 질량은 그만큼 커진다. 마침내 입자의 강착이 일어나는 것이다.

이런 과정이 이루어지는 속도에는 한계가 있어서 초대질량 블랙홀이 강착 원반의 물질 중 절반만 강착하는 데에도 5억 년이 넘게 걸릴 수 있다. 아이러니하게도 이러한 한계를 일컫는 명칭은 앞에서 이야기했듯이 블랙홀의 존재를 끈질기게 부인한 아서 에딩턴에게서 비롯되었다. 에딩턴을 대신해 항변하자면 에딩턴 한계는 블랙홀뿐 아니라 별을 포함하여 우주에서 빛을 내는 물체라면 모두에 적용된다.

에딩턴의 관심사는 언제나 별과 그 내부였다. 별은 어디에서 동력을 얻을까? 얼마나 많은 에너지를 생성할 수 있을까? 그는 이 질문들의 답을 구하기 위해서 별이 붕괴를 중단하는 방식에 주목했다. 에딩턴은 켈빈이 그랬듯이, 별이 어떤 방식으로든 진동하지 않는 안정적인 구체가 되려면 별에 동력을 제공하는 과정에 의해서 내부에서 분출하는 에너지의 크기가 내부 붕괴를 일으키는 중력의 크기와 균형을 이루어야 한다고 추론했다. 대부분의 천문학자들은 별의 온도가 높으므로 이처럼 바깥으로 미는 힘이 열 에너지에서 나온다고 생각했지만, 에딩턴은 복사압輻射壓, radiation pressure이라는 또다른 에너지원을 제시했다. 별은 뜨거울 뿐 아니라 밝게 빛나므로 엄청난 양의 빛이 발산되면서 외부에 압력을 가하고 이 압력이 내부 붕괴를 일으키는 중력에 저항한다는 논리였다.

빛이 어떤 물체와 충돌하면 에너지가 전달된다. 강력한 레이저를 당구봉으로 사용하는 것도 이론적으로는 가능하다. 나는 레이저 당구가 진짜 스포츠가 될 날을 몹시 고대하지만, 실제로 복사압은 이미 많은 분야에서 활용되고 있으며 특히 "태양 돛"을 단 우주선을 추진할 때도 사용된다. 배의 돛이 바람과 만나면 압력이 전달되듯이 태양광이 태양 돛과 충돌하면 복사압이 전달된다. 이는 공상과학이 아니다. 2010년 일본 우주항공 연구개발기구(JAXA)는 이카로스(태양 복사를 통해 행성 간 공간을 이동하는 연kite 형태의 우주선)로 이를 처음으로 실현했다. 192제곱미터의 플라스틱 판을 태양을 바라보도록 장착한 우주선이 금성에 도달하는 데에 성공한 것이다.[93] 태양 돛 우주선은 움직이는 부품이 없고 소진될 연료도 없어 기존 우주선보다 훨씬 오랫동안 작동할 수 있다는 면에서 앞으로의 전망이 기대된다.

복사압은 태양계 탐사를 계획할 때 고려해야 할 사항이기도 하다. 일반적인 동력으로 움직이는 우주선이라고 해도 예컨대 화성으로 탐사를 떠난다면 태양광에서 나오는 복사압으로 인해 경로를 이탈하여

93 JAXA에 따르면 이카로스의 태양광 돛에 가해지는 힘은 1.12밀리뉴턴으로 이는 소금 한 자밤에 가해지는 지구 중력의 크기이다. 복사압이 일으키는 힘은 일정하므로 우주선은 계속 가속하며 속도를 높일 수 있다. 태양광 돛을 단 이카로스는 발사 후 6개월 동안 속도가 초당 100미터(시간당 약 360킬로미터) 증가하여 금성에 도착했을 때에는 시간당 1,440킬로미터에 이르렀다. 참고로 발사 후 2개월도 지나지 않아 금성에 도착한 로켓인 파커 태양 탐사선은 금성에 닿았을 당시 시간당 속도가 약 6만 킬로미터였다.

목적지로부터 수천 킬로미터 떨어진 곳에 닿을 수 있다. 우주선을 의도한 목적지로 이동하게 하려면 미세하게 방향을 틀어서 발사해 태양에서 나온 빛이 계획된 경로로 나아가게 해야 한다.

그러므로 복사압에서 나오는 힘은 결코 무시할 수 없다. 복사압은 우주선을 움직이게 할 뿐 아니라 별 안에서 핵융합이 일어나는 동안 중력이 일으키는 내부 붕괴에 저항한다. 안으로 무너트리려는 내부 중력과 바깥으로 미는 복사압이 이루는 완벽한 균형이 바로 에딩턴 한계이다. 에딩턴 한계는 별이 낼 수 있는 최대의 밝기이다. 에딩턴 한계를 초과하면 바깥으로 미는 힘이 내부 중력보다 커져서 별은 외피층을 한 꺼풀씩 벗어내기 시작한다. 복사압이 별에서 저항해야 하는 힘은 중력뿐이므로 에딩턴 광도光度는 별의 질량과 직접적인 상관관계를 맺는다. 다시 말해서 질량이 큰 별일수록 더 밝다.

복사압은 블랙홀을 둘러싼 강착 원반에서도 중요한 역할을 한다. 블랙홀을 중심으로 궤도를 돌게 된 물질이 중력으로 인해서 속도가 빨라지면 온도가 상승하여 매우 많은 양의 에너지가 발산됨으로써 빛의 복사가 일어나기 시작한다. 이 빛은 강착 원반으로 향하려는 다른 물질들에 압력을 가해 바깥으로 밀려고 한다. 완벽한 시나리오에서는 강착 원반으로 향하는 물질의 양과 이미 원반에 자리한 물질에서 비롯된 바깥으로 미는 복사압이 균형을 이룬다. 그러면 블랙홀은 최대 질량인 에딩턴 한계까지만 커진다. 너무 많은 물질이 강착 원반에 몰리면 복사압이 이 물질들을 밖으로 내몰기 때문이다. 식탐이 아무리 강한 블랙홀이라도 복사압이 자연적인 통제 기제로 작용하여 주기적으로 강착 원반을 트림시키는 것이다.

블랙홀의 에딩턴 한계도 별과 마찬가지로 질량으로 결정된다. 큰 블랙홀일수록 강착 원반이 밝으며 블랙홀이 커질 수 있는 속도도 빠르다("강착률"이 더 높다). 태양보다 질량이 7억 배 더 큰 일반적인 초대질량 블랙홀의 에딩턴 한계(강착 원반의 최대 밝기)는 태양 밝기의 약 26조 배이다.[94] 강착 원반을 향하는 물질이 얻는 중력 에너지 중 약 10퍼센트가 복사된다면, 태양보다 질량이 7억 배 더 큰 블랙홀은 ($E = mc^2$ 공식에 따라) 매년 최대 태양 3개의 질량만큼 커진다.

그러나 이것은 최대치일 뿐이다. 전체 은하 중 약 10퍼센트만이 강착 원반이 밝게 빛나는 블랙홀이 가운데에 자리한 은하이다. 그리고 그중 대부분은 강착 속도가 최대 속도의 10퍼센트도 되지 않는다. 우리은하 가운데에 있는 초대질량 블랙홀도 (다행히) 그렇게 활동적이지 않다. 복사량이 에딩턴 한계의 약 1,000만 분의 1에 불과해서 태양보다 수백 배밖에 밝지 않으므로, 매년 태양 질량의 100억 분의 1만큼만 커진다. 이는 아주 적은 양이다.

우리은하 중심에 있는 블랙홀로 훨씬 더 많은 가스가 향한다면, 이론적으로는 질량 증가율이 지금보다 1,000만 배까지 높아질 수 있다. 그러나 블랙홀은 무지막지한 진공청소기가 아니므로 실제로 그런 일은 일어나지 않는다. **블랙홀은 주변을 빨아들이지 않는다.** 물질이 저절로 블랙홀로 흡수되는 것이 아니라, 어떤 과정이 물리적으로 물질을 블랙홀과 가까이 이동시켜야 강착 원반에 안착해 블랙홀의 중

---

94 초대질량 블랙홀을 둘러싼 강착 원반의 X선이 그 주변 은하들에 속한 수십억 별의 가시광선보다 훨씬 먼저 발견된 것은 이 같은 이유에서이다. 수조 >>> 수십억.

력에 의해서 궤도 운동을 한다. 그렇다면 블랙홀은 진공청소기가 아니라 푹신한 소파와 같다. 소파는 그 무엇도 집어삼키려는 의도 없이 그저 거실 한 편을 차지하고 있다. 하지만 소파 쿠션 가장자리에 놓아둔 물건이 아래로 빠진다면 영원히 찾을 수 없게 된다.

12

옛날의 은하는 지금 전화를 받을 수 없습니다. 왜죠? 죽었기 때문입니다*

복사압은 심술궂다. 블랙홀이 잠재력을 완전히 달성하는 것을 방해할 뿐 아니라 주변 은하들에까지 엄청난 영향을 미칠 수 있다. 초대질량 블랙홀을 둘러싼 강착 원반이 트림을 하면서 내보낸 물질은 매우 높은 에너지로 어마어마한 전파 제트jet를 일으키는데, 이 제트는 은하 너머의 은하 간 공간으로까지 길게 이어진다. 2020년 3월 천문학자들이 목격한 강착 원반의 트림은 과거에 관측된 그 어떤 트림보다도 강력했다. 은하단을 이루는 은하들 사이의 가스에 뚫린 구멍은 우리은하보다 17배나 컸다. 이는 영국에서 누군가가 트림을 했더니 뉴펀들랜드부터 중동에 이르는 지구 대기에 구멍이 난 것과 같다!

이처럼 작은 무엇인가가 엄청난 영향을 일으킬 수 있다는 사실은 매우 놀랍다. 우선 크기를 이야기해보자. 우리은하는 지름이 10만 광

* 테일러 스위프트의 "Look What You Made Me Do" 뮤직비디오 도입부 패러디.

년에 이르지만 그 중심에 있는 블랙홀의 지름은 0.002광년밖에 되지 않는다. 이는 축구공과 지구 전체의 비율과 비슷하다. 축구공을 한 번 찼더니 지구 전체가 흔들리는 상황을 상상해보라. 블랙홀이 은하에 미치는 영향이 바로 그러한 상황이다. 우리은하의 블랙홀은 초대질량 블랙홀이지만 은하 전체의 질량에 비하면 대양을 이루는 수많은 물방울 중 하나일 뿐이다. 우리은하에서 별들이 차지하는 전체 질량은 태양 질량의 약 640억 배로 추산되는 반면, 가운데에 있는 초대질량 블랙홀은 태양 질량의 400만 배로 우리은하를 이루는 별들의 질량 중 0.006퍼센트에 불과하다. 하지만 이는 별들의 질량과 비교한 것일 뿐이다. 가스, 행성, 크기가 작은 블랙홀, 암흑물질처럼 우리가 볼 수 없는 모든 물체까지 포함하면 우리은하의 질량은 태양 질량의 약 1.5조 배에 달하며, 초대질량 블랙홀은 그중 0.0002퍼센트밖에 되지 않는다.

그러므로 초대질량 블랙홀이 은하 중심에서 사라지더라도 은하는 분열하지 않는다. 은하의 모든 별이 블랙홀을 기준으로 궤도를 돈다는 사실을 떠올리면 이를 이해하기가 조금 힘들 것이다. 태양계 가운데에 있던 태양이 사라지면 모든 것이 엉망이 된다. 하지만 이는 앞에서 이야기했듯이 태양이 태양계 질량 중 99.8퍼센트를 차지하기 때문이다. 태양이 없으면 그 무엇도 행성들을 궤도에 붙잡아둘 수 없으므로 모든 천체가 길을 잃는다. 하지만 은하에서는 초대질량 블랙홀이 없어지더라도 모든 것이 제자리를 지킬 수 있을(이를 자가 중력self-gravity이라고 한다) 충분한 질량이 남아 있다.

그럼에도 초대질량 블랙홀과 은하는 근본적인 상관관계를 맺는다. 두 질량의 비율은 우주 전체를 통틀어 일정하다. 이는 1995년 미국의 천문학자 존 코르멘디와 더글러스 리치스톤이 처음 발견했다. 코르멘디와 리치스톤은 우리은하와 이웃한 주변 은하들 가운데 중심부에 초대질량 블랙홀이 활동하는 8개의 은하(안드로메다와 메시에 87 포함)를 관측하여 초대질량 블랙홀의 질량과 별들이 몰려 있는 은하 중심의 팽대부膨大部, bulge가 비례관계에 있다는 사실을 알아냈다(은하는 계란 프라이로 생각할 수 있다. 둥글고 평평한 나선형 원반은 흰자와 닮았고 가운데 별이 모여 있는 팽대부는 노른자와 같다). 블랙홀의 질량은 평균적으로 팽대부의 1,000분의 1이었다.

수조 개의 은하들이 존재할 우주 전체를 8개의 은하만으로 판단할 수는 없다.[95] 당연히 많은 사람들이 블랙홀과 은하 간의 상관관계를 입증하기 위해서는 더 많은 은하에서 초대질량 블랙홀과 팽대부의 질량을 측정해야 한다고 지적했다. 이를 위해서는 강착 원반에서 나오는 빛의 도플러 이동을 계산하여 초대질량 블랙홀의 질량을 구하고 빛이 은하에서 어떻게 분산되는지 모형화하여 팽대부의 질량을 구해야 한다. "질량 대 빛"의 비율은 얼마나 많은 빛이 보이는지로 가늠할 수 있다. 다시 말해서 "이 정도 빛이 보이려면 얼마나 많은 별이 빛을 내는 것일까?"에 대한 답을 구하면 된다. 그러려면 은하에서 다양한 질량의 별들이 일반적으로 어떻게 분포되어 있는지(평균적으로 질량이 많이 나가는 별과 적게 나가는 별 사이의 비율) 역시 알아야

95 사실 천문학자들은 오랫동안 3개의 데이터 측정점이면 선으로 취급해야 한다는 농담을 자주 해왔다. 천문학 역사 내내 어떤 발견을 이루기가 무척 어려웠기 때문이다.

한다. 이 모든 것들은 하나같이 측정하기가 쉽지 않았지만, 1998년까지 32개 은하의 팽대부 질량이 추가로 측정되었다. 이는 당시 천체물리학의 거장이던 캐나다의 천체물리학자 스콧 트레메인과 함께 토론토 대학교에서 연구 중이던 북아일랜드의 천체물리학자 존 마고리언 덕분이다.[96] 현재 마고리언은 옥스퍼드 대학교 이론물리학과 부교수이다.[97] 마고리언과 트레메인은 당시 발사 후 궤도에 안착한 지 얼마 되지 않은 허블 우주망원경의 관측을 바탕으로 초대질량 블랙홀[98]의 질량이 팽대부 질량의 약 166분의 1인 상관관계(이는 천체물리학에서 무척 세밀한 수치이다)를 밝혔다(우리은하는 블랙홀이 훨씬 작아 이 상관관계에서 벗어난다).

"마고리언 관계"라고 하는 이런 상관관계는 화석을 발견해서 지구 생명체의 진화 과정에 관해 새로운 무엇인가를 알게 되는 과정과 비슷하다. 마고리언 관계 역시 은하와 블랙홀이 우주의 138억 년 역사 동안 어떻게 진화하고 성장해왔는지 보여준다. 이는 다시 은하의 노른자인 팽대부 이야기로 돌아온다. 은하가 형성되던 초기 단계의 혼란이 가라앉고 나면, 은하 대부분에서 모든 별이 같은 평면에서 같은

---

96 은하를 연구하는 천체물리학자라면 누구나 제임스 비니, 스콧 트레메인의『은하 역학*Galactic Dynamics*』을 가지고 있을 것이다.『은하 역학』은 우리에게 성서와도 같다. "비니와 트레메인이 뭐라고 했지?"라는 질문으로 많은 논란을 단번에 끝낼 수 있다.

97 나는 동료들에 대해서 책을 쓰는 일이 얼마나 이상한지 깨닫고 있다.

98 그러나 흥미롭게도 마고리언은 1998년까지도 초대질량 블랙홀을 "거대 질량의 검은 물체"라고 불렀다. 이는 내가 몸담은 천체물리학이 여전히 걸음마 단계라는 사실을 다시금 떠오르게 한다.

방향으로 안정된 궤도를 돌면서 은하의 삶이 본격적으로 시작된다. 하지만 2개의 은하가 중력으로 인해서 가까워지다가 결국 서로 합쳐진다면, 질량은 2배가 되지만 별들의 궤도와 은하의 우아한 나선 형태는 흐트러진다. 여러 차례의 중력 상호작용으로 에너지를 잃은 별들이 은하 중심으로 몰려들어 벌떼처럼 서로 다른 평면에서 온갖 방향으로 궤도를 돈다.

2개의 은하가 합쳐지면[99] 초대질량 블랙홀도 합쳐져서 질량이 증가한다. 하지만 별들이 상호작용을 하다가 은하의 중심으로 모이듯이, 가스 입자도 블랙홀의 강착 원반으로 모이기 때문에 질량은 훨씬 더 크게 늘어난다. 이처럼 은하가 합쳐지면서 은하의 질량과 블랙홀의 질량이 함께 늘어나는 현상이 블랙홀과 은하가 이루는 마고리언 상관관계의 원인으로 추정된다. 이러한 개념을 은하와 블랙홀의 "공진화co-evolution"라고 한다. 나는 최근의 연구에서 은하 간 병합이 이 같은 공진화를 이끌 수 있는 유일한 과정이라는 주장을 반박했다. 내가 동료인 브룩 시먼스와 크리스 린톳과 함께 관측한 은하들 중에는 팽대부가 없는 은하도 있었다. 이 같은 은하는 은하 간 병합이 일어나지 않은 곳인데도 병합이 일어난 곳의 블랙홀만큼이나 질량이 큰 초대질량 블랙홀이 존재한다. 이후 우리는 이론물리학자 친구들과[100]

---

99 다시 한번 말하지만, 우주는 아주 아주 광활하므로 은하 병합에서 두 항성이 물리적으로 충돌할 가능성은 몹시 낮다.

100 개레스 마틴, 수가타 카비라지, 줄리앙 데브리엔트, 마르타 볼론테리, 요한 두보이스, 크리스토프 피숑, 리카르다 베크만으로 이루어진 호라이즌-AGN 시뮬레이션 팀과 함께했다. 그중 리카르다는 나와 옥스퍼드에서 박사 과정을 함

협업하여 은하 간 병합 없이 블랙홀의 질량이 증가하는 상황을 시뮬레이션했고, 이 같은 상황으로 우주의 모든 초대질량 블랙홀의 질량 증가 중 65퍼센트를 설명할 수 있다는 사실을 발견했다. 은하 간 병합이 블랙홀과 은하의 상관관계를 야기하는 주요한 요인이 아닐 가능성은 크지만, 그렇다면 무엇이 이 상관관계를 일으키는지에 대해서는 조금 더 기다려주기를 바란다![101]

은하의 질량과 블랙홀의 질량이 어떤 이유로 상관관계를 맺는지는 아직 정확하게 밝혀지지 않았지만, 대규모 천문학 연구 덕분에 실제로 수많은 은하들에서 상관관계가 발견되었다. 이는 전 세계에 흩어져 있는 천문학자들이 자신만의 연구 프로젝트를 위해서 망원경으로 특정 천체만 관측하는 방식으로는 이루어질 수 없다.[102] 대신 수많은 천문학자들이 하늘 전체를 매일 밤 관찰해 함께 모자이크 이미지를 만들어 희미한 천체들을 매번 찾아내야 한다. 그리고 이러한 방식을 통해서 관측된 모든 별과 은하의 위치, 이미지, 스펙트럼을 장대한 목록으로 정리한다. 뉴멕시코 새크라멘토 산맥 가운데에 자리한

께하며 2년 동안 룸메이트로 지냈고 지금도 공동 연구를 진행하는 좋은 친구 사이이다.

101 과학에는 시간이 필요하다는 사실을 기억하자. 자금 역시 필요하다. 독자들 중에서 혹시 내게 장학금이나 종신 교수직을 제안하고 싶은 사람이 있을까? 나도 잘 안다. 나는 박사 후 과정 연구원 중에서도 낯이 무척 두꺼운 편이다.

102 "자신만의" 프로젝트를 위해서라고 해도 전문 망원경을 사용하기 위한 허가 절차는 무척 복잡할 뿐 아니라 앞의 사용자가 약속한 기간보다 더 길게 사용한다면 언제까지 기다려야 할지 모른다. 예를 들면 칠레의 VLT 망원경은 사용자들이 예약한 기간보다 평균 8배 넘게 사용한다.

아파치포인트 천문대의 2.5미터 광학현미경을 이용한 슬론 전천탐사(SDSS)[103]는 이 같은 대규모 조사 중에서도 가장 규모가 클 뿐 아니라 전 세계의 천문학자들 사이에서 이루어지는 가장 큰 협업 중 하나이기도 하다. SDSS가 2003년에 처음 제공한 데이터는 13만4,000개의 북반구 은하를 관측한 결과였으며, 여기에는 1만8,000개가 넘는 퀘이사도 포함되어 있었다. 이후 2009년까지 관측된 은하 수는 100만 개에 이르며 퀘이사는 10만 개가 넘었다.

SDSS 같은 프로젝트 덕분에 천문학에도 대규모 통계 조사 영역의 문이 열리면서 천문학자들은 블랙홀의 질량 분포를 연구하여 블랙홀이 은하에 미치는 진정한 영향을 이해할 수 있게 되었다. SDSS 관측은 마고리언 관계를 입증하는 데에 그치지 않고 초대질량 블랙홀의 질량이 은하 중심부뿐 아니라 은하 전체에 분포된 별들의 총 질량과도 상관관계를 맺는다는 사실을 밝혔다. 하지만 이 같은 대규모 조사들에서 주목해야 할 부분 중 하나는 은하를 질량에 따라 분류하여 그래프로 그리면 질량이 매우 큰 구간에서는 은하의 수가 급격히 감소한다는 사실이다. 이 같은 은하들은 오로지 팽대부로만 이루어져 있다. 병합이 수없이 일어나면서 나선형이 완전히 망가진 탓에 하나의 거대한 팽대부만 남았기 때문이다.[104]

---

103 1934년 당시 제너럴모터스의 대표이자 CEO였던 알프레드 P. 슬론 주니어가 세운 알프레드 P. 슬론 재단의 이름에서 비롯되었다. 알프레드 P. 슬론 재단은 과학, 기술, 공학 분야의 다양한 프로젝트를 후원한다.

104 공식적인 단어는 "타원"을 뜻하는 "elliptical"이지만 나는 "팽대부"를 뜻하는 "blob"이 더 좋다.

이처럼 은하들의 상이한 질량 분포를 "광도 함수luminosity function"라고 한다(질량은 근본적으로 은하의 밝기와 연계되고 우리는 밝기를 직접적으로 측정할 수 있다). 질량 분포의 형태를 파악하기 위해서는 우선 은하의 질량은 얼마나 되는지, 은하가 어떻게 형성되고 이후 어떻게 진화하는지를 알아야 한다. 1970년대 후반 영국의 천체물리학자 마틴 리스와 사이먼 화이트, 미국의 천체물리학자 제리 오스트라이커[105]는 이처럼 다양한 질량의 은하들이 이루는 비율을 예측하기 위한 연구를 처음으로 시도했다. 이들은 환상의 트리오였다. 영국의 왕실 천문학자인 리스는 케임브리지 트리니티 칼리지 학장과 영국 왕립학회 회장을 역임했다. 화이트는 당시 케임브리지에서 박사 과정을 밟고 있었고 이후 독일 가르힝에 있는 막스플랑크 연구소의 소장이 되었다. 백색왜성의 최대 질량을 규명한 수브라마니안 찬드라세카르와 함께 1960년대 후반 시카고 대학교에서 박사 과정을 마친 오스트라이커는 프린스턴 대학교와 컬럼비아 대학교에서 천체물리학 교수로 임용되었고 이후 프린스턴 대학교 학장이 되었다. 이들은 명실공히 물리학계의 유명인사이다. 이들이 머리를 맞대고 초기 우주의 가스 구름이 식으면서 은하가 형성된 과정을 모형화했다. 우주가 탄생한 지 얼마 되지 않았을 때에는 가스가 너무 뜨거워서 내부 중력에 강하게 저항하므로 별이 형성되는 데에 필요한 밀도에 이르지 못한다.

---

105 제리 오스트라이커는 미국의 대표적인 유대인 페미니스트 시인인 앨리샤 오스트라이커의 남편이다.

리스와 오스트라이커, 화이트는 높은 질량에서 나타나는 광도 함수의 한계는 가장 질량이 큰 가스 구름에서 가장 질량이 큰 은하들이 형성되었을 때를 가정하여 설명할 수 있으리라고 생각했다. 이들은 우주가 존재해온 시간은 이처럼 질량이 가장 큰 가스 구름이 충분히 식기에는 충분하지 않다고 추측했다. 이후 수십 년간 수많은 천체물리학자들이 가스 구름의 병합과 새로 탄생한 별들의 영향(별에서도 열이 발산되어 가스 구름이 식는 것을 방해한다)을 포함하도록 가스 구름의 온도 하강을 설명하는 이들의 기본 모형을 수정했다. 그 결과 2000년대 초에는 보다 현실성 있는 모형이 세워졌을 뿐 아니라 컴퓨터의 발전으로 은하의 형성과 진화를 시뮬레이션할 수 있게 되었다.

그렇다면 컴퓨터로 시뮬레이션한 우주와 관측한 우주를 직접 비교하여 시뮬레이션이 제대로 설정되어 있는지 확인할 수 있다. 가령 광도 함수의 그래프 형태는 질량에 따라 은하의 수를 집계하여 비교하면 된다. 하지만 시뮬레이션한 은하의 광도 함수는 관측한 은하와 전혀 달랐다. 시뮬레이션한 광도 함수 그래프에서는 질량이 큰 은하가 지나치게 많았다. 이는 시뮬레이션이 무엇인가를 놓쳤다는 뜻이었다. 가령 시뮬레이션에 코딩한 물리학 법칙 중에서 틀린 부분이 있거나 은하에 영향을 주는 어떤 반응이 고려되지 않았을 수 있다.

이 같은 시뮬레이션 기술 발전의 최전선에는 카를로스 프렝크, 세드릭 레이시, 칼턴 보, 숀 콜, 리처드 바우어, 앤드루 벤슨을 포함한 더럼 대학교 컴퓨터 우주론 연구소의 천체물리학자들이 있었다.[106]

---

106 나는 더럼 대학교를 다니는 동안 프렝크, 레이시, 보, 콜 모두에게 물리학을

이들은 초대질량 블랙홀을 둘러싼 강착 원반의 복사압이 일으키는 유출 에너지가 시뮬레이션 작업에 고려되지 않았다는 사실을 발견했다. 그리고 2003년에 이를 시뮬레이션에 포함하여 광도 함수의 급격한 감소를 재현하는 데에 성공했다. 다시 말해서 그들의 시뮬레이션에는 질량이 큰 은하가 전처럼 지나치게 많이 나타나지 않았다.

더럼 대학교 연구진은 블랙홀의 강착 과정에서 발생하는 복사와 물질의 유출이 은하의 가스 온도를 높이거나(따라서 가스가 식지 않아 새로운 별이 탄생하는 붕괴 과정이 일어나지 않는다) 가스를 은하에서 완전히 벗어나게 할 수 있다고 지적했다. 질량이 가장 큰 초대질량 블랙홀이 자리한 질량이 가장 큰 은하들에서는 이 두 가지 중 한 가지 방식으로 인해서 별의 생성이 급격하게 감소한다. 이처럼 은하가 블랙홀에 에너지를 주면 블랙홀은 받은 에너지를 은하에 부정적인 영향을 주는 데에 써버리는, 이런 제 발등 찍기식의 과정을 우리 과학자들은 "피드백feedback" 효과라고 한다. 은하와 그 중심에 있는 블랙홀의 공진화를 통제하는 이 같은 피드백 효과가 은하와 블랙홀이 분수에 넘치게 몸집을 키우는 사태를 막는 것으로 여겨진다.

이후 다른 여러 과학자들이 더럼 대학교 연구진의 시뮬레이션을 재현하는 데에 성공하면서 이론천체물리학계는 피드백 가설을 받아들였다. 문제는 진짜 우주를 망원경으로 관찰하여 데이터를 모으는 우리 같은 관찰천체물리학자들이 그 증거를 아직 찾지 못했다는 사

배웠다. 최신 연구 전문가들에게 지식을 얻는 것이야말로 학생으로서 누리는 가장 큰 혜택 중 하나이다. 하지만 정작 학생일 때에는 그 사실을 잘 알지 못한다.

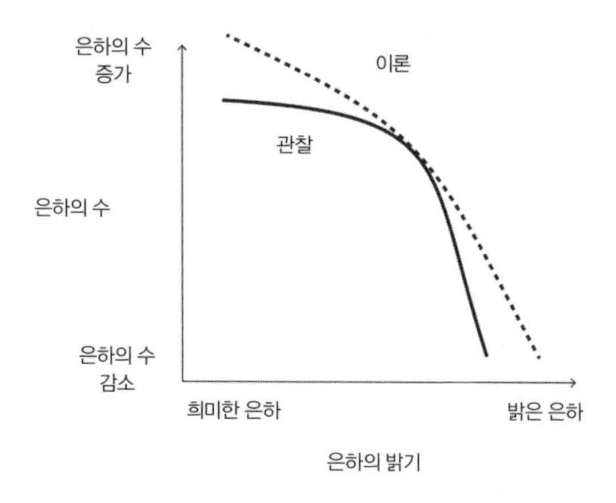

밝기에 따라 우주에서 관측되는 은하의 수(실선)와 시뮬레이션으로 생성한 수(점선)를 비교하여 나타낸 "광도 함수" 그래프. 초기 시뮬레이션에서 매우 밝은 은하와 매우 희미한 은하의 수가 지나치게 많이 나타나면서 시뮬레이션 작업이 어떤 물리학적 기제를 놓치고 있다는 사실이 드러났다.

실이다. 강착 원반에서 유출되는 물질이나 제트류가 은하에 미치는 부정적인 영향(이 같은 영향이 일으키는 충격으로 가스가 응축되어 새로운 별이 탄생하기도 하는데 이 과정은 긍정적 피드백이라고 한다)이 관측된 개별적인 사례들은 있지만, 예컨대 SDSS처럼 대규모 조사에서 수집한 데이터를 바탕으로 한 광범위한 연구에서는 증거가 나오지 않아 관찰천체물리학자들이 결론을 내리지 못하고 있다. 나는 나보다 앞선 관찰천체물리학자들이 그랬듯이, 천체물리학계의 집단 지식에 작은 통찰이라도 보탤 수 있도록 내 연구 인생 전체에서 절반 정도가 될 앞으로의 시간 중 많은 시간을 부정적 피드백을 뒷받침할 통계 증거를 찾는 데에 쏟을 작정이다.

활동 중인 초대질량 블랙홀에서 비롯한 복사와 물질의 유출이 은하에 영향을 주는지 여부를 알 수 있는 한 가지 방법은 색을 관찰하는 것이다. 이 책의 서두에서 설명했듯이, 질량이 가장 큰 푸른색 별들은 질량이 작은 붉은색 별들보다 수명이 훨씬 짧다. 그러므로 은하의 색이 전반적으로 짙은 파랑이라면 별들이 최근에 생성되었다는 의미이다. 한편 은하 전체가 붉다면 질량이 큰 별들 중 상당수가 수명을 다해 초신성이 되면서 크기가 작고 수명이 긴 붉은 별들만이 잉걸불처럼 희미하게 남을 만큼 오랜 시간이 흘렀다는 뜻이다. 별이 더 이상 탄생하지 않는 은하를 "붉은 죽은" 은하라고 부르는데, 흥미롭게도 이 중 약 70퍼센트가 팽대부가 큰 은하이다.[107] 우리는 은하의 색을 통해서 별의 평균적인 생성 속도를 유추하여 매년 얼마나 많은 별들이 탄생할지 가늠할 수 있다.

2016년에 박사 과정을 밟고 있던 나는 은하에서 별이 생성되는 속도와 은하들에서 활동 중인 초대질량 블랙홀의 유무가 맺는 상관관계를 연구했다. 나는 초대질량 블랙홀이 활발하게 성장하는 은하와 그렇지 않은 은하 사이에 나타나는 차이를 발견하고는 무척 흥분했다. 지붕에 올라가 천체물리학자들이 그토록 원했던 증거를 마침내 찾았다고 소리쳐야 했다. 하지만 과학도들이 귀에 못이 박히도록 듣는 충고가 하나 있다. 상관관계는 인과관계가 아니라는 것이다.

---

107 20세기 대부분 동안 붉은색을 띠는 모든 은하는 팽대부 형태일 것이라고 여겨졌다. 하지만 영국의 천체물리학자 카렌 매스터스와 은하 동물원 팀이 슬론 디지털 전천탐사에서 촬영된 이미지들을 분석하여 붉은 은하 중 약 30퍼센트는 나선 형태라는 사실을 밝혔다. 항성의 생성이 멈추는 것은 은하 간 병합 때문만은 아니었다.

예를 들면 아이스크림 매출과 선글라스 매출은 상관관계를 맺는다. 선글라스를 끼면 곧바로 아이스크림이 먹고 싶어져서일까? 아니면 아이스크림을 먹으면 갑자기 멋져 보이고 싶어져서일까? 아니다. 아이스크림과 선글라스가 상관관계를 맺는 이유는 둘 다 원인이 기온이 높고 화창한 날씨이기 때문이다. 상관관계가 반드시 인과관계는 아니라는 사실을 떠올린 나는 내가 찾은 것이 블랙홀이 활동 중일 때 별의 생성이 중단되는 증거라는 사실을 깨달았다. 블랙홀의 활동과 별의 생성 중단 모두의 원인이 되는 또다른 과정이 있지는 않을까? 무엇인가가 가스 온도를 높여서 별이 더 이상 생성되지 않도록 하는 동시에 은하 중심으로 가스를 공급하여 블랙홀을 계속 성장시킬 가능성도 있다. 두 은하의 병합일까? 아니면 전혀 다른 무엇인가일까?

그래서 지금 나는 초대질량 블랙홀의 피드백이 실제로 블랙홀로부터의 유출로 일어난다는 반박할 수 없는 확실한 증거를 찾고 있다. 이를 위해서 전 세계의 여러 천체물리학자들과 함께 슬론 전천탐사에 사용된 망원경으로 하늘을 관측하며 합동 연구를 하고 있다. 우리는 최근에 끝난 MaNGA 탐사[108]에서 1개의 은하 전체를 한 번만 관

---

108 MaNGA는 캘리포니아 대학교 산타크루스 캠퍼스의 조교수인 미국의 천체물리학자 케빈 번디의 작품이다. 그는 MaNGA 탐사에 참여한 우리 모두에게 든든한 조력자가 되어주었다. 나는 멕시코 코수멜 섬의 고급 리조트에서 열린 학회에서 처음 케빈을 만났다. 호텔 수영장 한가운데에는 바가 있었는데 나와 다른 박사 과정 학생들은 다른 학자들과 눈도장을 찍어야 한다는 생각에 애써 외면하고 모든 세션에 참석했다. 하지만 학회에서 인맥을 쌓는 가장 좋은 방법은 세션에 참석하는 것이 아니라 학자들이 수시로 들리는 바에 가는 것이라는 사

찰하는 방식 대신에 1개의 은하에서 100여 군데가 넘는 곳을 정밀하게 관측하여 모자이크 이미지를 만드는 방식으로 1만 개가 넘는 은하를 관측했다. 우리는 더 이상 수십억 별들이 이루는 복잡계를 한 번의 측정으로 단정하는 데에 만족할 수 없다. 은하의 진화를 연구하는 학자들을 여전히 괴롭히는 문제들에 답하려면 은하의 내부 작용을 파헤쳐야 한다.

나는 이런 합동 연구에서 초대질량 블랙홀이 은하에 미치는 피드백 영향을 추적하는 작은 역할을 맡고 있다. 특정 위치에서 일어나는 별의 생성 속도와 은하 중심에 있는 블랙홀까지의 거리 사이에 상관관계가 있을까? 유출된 에너지가 은하를 가르면서 감소한다면 별 생성의 감소 효과도 그만큼 줄어들까? 피드백 영향이 정말 존재한다면, 블랙홀의 질량이 큰 은하일수록 더 뚜렷하게 나타날까? 이 질문들은 내가 매일같이 고민하는 문제들이다. 매우 복잡하고 진척이 거의 없어 자주 좌절한다. 하지만 돌파구는 하루아침에 열리지 않는다. 이 책에 기술된 역사는 인류의 집단 지식이 꾸준하지만 느리게 승리했다는 증언이다.

나와 동료들이 꾸준히 데이터를 분석하여 결과를 발표하다 보면 언젠가는 지금 일어나는 상황에 대한 큰 그림의 퍼즐들이 맞춰질 것이다. 강착하는 블랙홀이 일으키는 유출 때문에 은하가 별의 생성을

실을 얼마 지나지 않아 깨달았다. 나는 피냐콜라다를 손에 들고 이야기를 나누고 있는 한 무리의 사람들에게 다가가 곁에 있는 사람에게 "안녕하세요. 베키라고 합니다"라고 말을 걸었고, 그가 "안녕하세요. 전 케빈 번디입니다"라고 답했다. 나는 칵테일이 목에 걸릴 뻔했다.

멈추고 "붉은 죽은" 은하가 되는 것일까? 분명한 것은 은하의 목을 조르는 은하 살인마가 있다는 사실이다. 우리 천체물리학 형사들이 사건을 해결할 것이다.

13

내일이 오는 것을 막을 수는 없다

누구에게나 좋아하는 단어가 있기 마련이다. 사람들은 자신이 좋아하는 단어의 음절 조합이나 자음 배열 또는 소리 내어 발음할 때의 입 모양에서 즐거움을 느낀다. 톨킨은 지하실 문을 뜻하는 "cellar door"라는 단어를 좋아했지만, 내게 가장 좋아하는 영어 단어를 하나 꼽으라면 "스파게티화"를 뜻하는 "spaghettification"을 고를 것이다. "spaghettification"을 발음하려면 입을 여러 번 움직여 연습해야 하고, 컴퓨터에 입력하려면 손가락을 키보드 위에서 사방으로 움직여야 하며, 철자를 떠올리려면 뇌를 쥐어짜야 한다.[109] 그렇더라도 당신도 웃음을 터트리지 말고 "spaghettification"을 발음해보기를 바란다. 계속하다 보면 어느새 영화배우 숀 코너리를 내뱉고 있을지도 모른다!

스파게티화는 내가 재미를 위해서 만든 단어처럼 들릴지도 모르겠

---

109 우주는 어렵지만 글이 더 어렵다.

지만, 사실은 블랙홀이 일으키는 현상을 지칭하는 실존하는 천체물리학 용어이다. 이제까지 이 책을 읽은 당신 역시 나처럼 블랙홀의 매력에 깊이 빠져 있을 것이다. 블랙홀에 발을 들이거나 사건의 지평선 너머를 볼 수 있을 만큼 가까이 다가가면 어떻게 될지 궁금해할지도 모르겠다. 하지만 절대로 꿈꿔서는 안 될 일이다. 바로 스파게티화 때문이다.

블랙홀 주변에서는 중력이 매우 강하므로 당신이 블랙홀로 나아갈 때 머리가 앞에 있다면 머리에 작용하는 중력이 다리에 작용하는 중력보다 훨씬 세서 애니메이션 영화 「인크레더블」에 나오는 엘라스티걸처럼 몸이 길게 늘어난다. 그러면 몸을 이루는 원자들이 블랙홀 가운데를 향해 얇고 긴 줄로 늘어져 당신은 사람이 아닌 스파게티의 모습이 된다. 우리는 우리은하 가운데에 있는 블랙홀 주변에서 G2와 같은 가스 구름에 이러한 일이 일어나는 광경을 보았을 뿐 아니라 완벽한 구체였던 별들이 길게 늘어지는 모습도 관측했다.

이는 모두 블랙홀에 다가갈수록 중력의 크기가 변화하는 정도가 다르기 때문이다. 블랙홀에서 멀리 떨어진 곳에서는 블랙홀에서 비롯된 중력의 크기가 행성이나 별이 당기는 힘과 다르지 않지만 지나치게 가까이 다가가면 기하급수적으로 증가한다. 바로 이 같은 중력 차이가 스파게티화 현상을 일으킨다. 우리가 워터슬라이드 꼭대기 위에 매달려 있다고 상상해보자. 슬라이드 윗부분을 두 손으로 붙들고 아슬아슬하게 매달려 있지만 두 다리는 경사가 몹시 가파른 밑바닥까지 길게 늘어져 있다. 한 가지 이상한 점은 스파게티화 현상을 걱정해야 하는 곳은 초대질량 블랙홀이 아니라 질량이 덜 나가는 작은 블랙홀이라는 것이다.

질량이 큰 블랙홀일수록 사건의 지평선도 크다. 따라서 블랙홀의 영향이 미치는 공간도 훨씬 더 넓지만 중력은 아주 가까이 다가갈 때까지도 급격하게 증가하지 않으며 때로는 사건의 지평선 안에서도 변화가 크지 않다. 한편 질량이 작은 블랙홀은 사건의 지평선도 작지만 중력은 사건의 지평선 밖에서 매우 급격히 상승할 수 있다. 블랙홀이 작다고 해서 중력이 더 세지는 않지만 거리가 줄어들수록 나타나는 중력의 강도 변화가 더 급격하다. 다른 산보다 높이는 낮은 산이더라도 경사는 훨씬 더 가파를 수 있는 것과 같은 원리이다.

아니면 블랙홀로 향하는 스키 선수를 상상해보자. 질량이 적게 나가는 블랙홀로 향한다면 처음에는 크로스컨트리 스키처럼 평평한 구간을 지나다가 어느 순간 경사가 몹시 가파른 최상급 코스가 나타나는 바람에 부상을 입을 것이다. 다행히 이곳에서는 리프트를 타고 위험에서 멀리 벗어날 수 있다(경사가 급격해지는 구간이 사건의 지평선을 건너기 전에 나타나기 때문이다). 한편 초대질량 블랙홀을 향한다면 처음에는 꽤 오랫동안 초급자 코스를 달리다가 서서히 중급자 코스로 옮겨간 다음 상급자 코스에 들어서고 마침내 최상급자 코스를 달리게 되지만, 이때는 탈출할 리프트가 없어 되돌아갈 수 없고 계속 밑으로 내려갈 뿐이다. 2014년에 우리은하 가운데에 있는 초대질량 블랙홀로 G2 가스 구름이 가까이 왔을 때 스파게티화 현상이 조금 일어나기는 했지만 거의 온전히 탈출할 수 있었던 것은 우리은하의 블랙홀이 초대질량 블랙홀치고는 질량이 매우 적게 나가기 때문이었다(리프트를 타고 빠져나온 것이다).

그러므로 당신이 스파게티화 효과를 체험하고 싶은 마음에 질량이 작은 블랙홀에 가까이 다가간다면 이론적으로는 탈출할 수 있지만 당신의 모습은 되돌릴 수 없이 변하고 말 것이다. 이제 블랙홀로 "빨려 들어간다면" 어떤 느낌일지 대충 감이 올 것이다. 하지만 과연 무엇을 보게 될까? 스파게티화 효과에 전혀 영향을 받지 않는 우주선[110]을 타고 블랙홀로 향한다면 창밖으로 무엇이 보일까? 다행히 일반상대성 이론 덕분에 우리는 우주비행사에게 극단적인 희생을 요구하지 않아도 어떤 일이 벌어질지 추측할 수 있다.

우리가 들어갈 블랙홀은 물질을 강착하지 않아 우주선 안에서 창밖을 보더라도 고에너지 방사능 때문에 눈이 멀거나 목숨을 잃지 않는다고 가정해보자. 블랙홀은 밀도가 몹시 높기 때문에 크기 면에서는 상대적으로 작아서 먼 거리에서는 찾기가 힘들고, 가까이 있지 않는 한 보이는 것이 많지 않다. 하지만 어느 정도 다가가면 빛이 전혀 없는 작고 어두운 원이 나타나는데 그 테두리가 사건의 지평선이다.

더 가까이 다가가면 당신은 당신의 뇌가 장난을 치고 있는 것처럼 느낄 것이다. 블랙홀은 시공간을 극단적으로 왜곡하므로 블랙홀 뒤와 주변의 빛이 휘어져 당신의 인지 감각에 혼란을 일으킨다. 지구에서 출발한 우주선이 달처럼 일반적인 천체에 접근하면 가까이 갈수록 창밖으로 보이는 크기가 점점 커질 것이다. 가령 달과 지구 사이의 거리가 절반 정도 줄어들면 달은 지구에서 볼 때보다 2배 더 커 보인다. 하지만 주변의 빛을 왜곡하는 블랙홀은 다르다.

---

110 그런 우주선이 있다면 특허를 신청해야 할 것이다.

블랙홀은 복어처럼 자신의 몸을 부풀려 실제보다 커 보이도록 한다. 블랙홀 뒤에 있는 별들의 빛이 옆으로 휘어지면서 빛이 나오지 않는 곳이 실제보다 더 넓어 보이는데 이러한 효과는 가까이 갈수록 더욱 과장되게 나타난다. 예를 들면 사건의 지평선으로부터 10배 떨어진 곳에서 우주선 창밖을 내다보더라도 온통 블랙홀밖에 보이지 않는다. 반면 달 지름의 10배 떨어진 곳에서 달을 바라보면 팔을 앞으로 뻗었을 때의 주먹과 비슷한 크기로 보일 것이다.

그보다 더 가까이 다가가면 블랙홀은 더욱 커 보이면서 어둠이 모든 각도에서 우주선을 서서히 집어삼킨다. 뒤를 돌아보면 당신이 이제까지 지나온 길의 광경뿐 아니라 블랙홀 뒤의 모습도 당신의 눈으로 휘어져 들어온다. 이 같은 360도 파노라마 광경을 담은 원은 블랙홀로 향할수록 점점 작아지다가 사건의 지평선에 이르면 하나의 점이 된다. 다시 말해서 사건의 지평선을 건너 미지와 마주하기 전 뒤를 돌아본다면, 어깨 너머로 보이는 우주의 마지막 모습은 우주 전체의 빛이 당신의 눈으로 모인 하나의 점일 것이다.

사건의 지평선을 건너면 어떤 일이 벌어질지는 알 수 없다. 어둠에 잠길까 아니면 눈이 멀 만큼 밝을까? 우리가 모르는 낯선 형태의 물질이 또다른 형태의 축퇴압을 통해서 별과 같은 물체들을 이루고 있지는 않을까? 다시 말해서 백색왜성이 중성자별에서 또다른 무엇인가가 되는 별의 다음 진화 단계가 일어나고 있을까? 사건의 지평선 너머에서 수십억 년 동안 갇혀 있던 모든 물질은 순수한 에너지로 바뀌었을까? 특이점이 진짜로 존재할까? 우리가 알 수 있는 단 하나의 사실은 사건의 지평선을 건너면 무엇을 발견하든지 간에 이곳에는 결코 알려줄 수 없다는 것이다.

사건의 지평선 너머에서는 모든 방향이 "내리막"일 것이다. 왔던 방향으로 뒤돌더라도 결국 가운데로 이끌린다. 혼란에 빠진 당신은 블랙홀 중심과 반대 방향으로 속도를 내겠지만 오히려 더 빠르게 가운데로 향하게 된다. 빠져나갈 길은 없다. 무슨 수를 쓰더라도 당신의 미래는 블랙홀 중심에 이르는 것뿐이다. 시간과 공간은 하나가 되어 미래는 시간이 아닌 공간의 방향으로 나아간다. 다가오는 내일을 무엇으로도 막을 수 없듯이 우주선도 당신을 구해주지 못한다.

그러나 이는 당신이 보는 관점에서 일어나는 상황이다. 당신의 친구가 안전한 거리에서 당신을 바라보면 어떨까? 당신이 등대처럼 1분마다 빛을 내보내서 당신이 무사하다는 사실을 친구에게 알린다고 가정해보자. 당신은 우주선에서 매분 빛을 내보낸다. 하지만 친구가 보는 빛은 매분 깜박이지 않는다. 당신의 시간은 블랙홀과 가까워질수록 중력이 더 강하게 작용해서 안전한 거리에 떨어져 있는 친구의 시간과 다르게 흐르기 때문이다. 당신이 1분이라고 느끼는 시간이 친구에게는 1시간 이상일 수 있다.

이 같은 시간 지연은 아인슈타인이 이미 1905년에 물체의 운동에 관한 특수상대성 이론으로 규명한 개념이다. 사실 시간 지연 현상은 1897년에 북아일랜드의 물리학자 조지프 라머 경이 원자 주위를 도는 전자에 대해서 먼저 예측했지만, 이를 전자의 속성이 아닌 시간 자체의 속성에 적용한 사람은 아인슈타인이 처음이었다. 아인슈타인은 경과하는 시간의 차이와 두 물체가 움직이는 속도의 차이에서 상관관계를 도출했다. 속도 차이가 클수록 시간 차이가 벌어지므로 당신이 빛의 속도에 이르면 시간의 흐름은 0이 된다.

지금 우리의 우주 탐사선은 아무리 빨리 움직이더라도 우주비행사가 시간 지연을 체감할 수 없다. 예를 들면 시간당 2만7,500킬로미터의 속도로 평균 408킬로미터 고도에서 궤도를 도는 국제 우주정거장에 탑승한 우주비행사들은 지구에 있는 우리보다 1년이 약 0.01초 짧다. 그러므로 1년 동안 우주정거장에 머물다가 지구로 돌아오면 지구에 1년 있던 사람보다 나이를 0.01초 덜 먹는다.

이처럼 속도가 증가하면서 일어나는 시간 지연을 "운동 시간 지연"이라고 한다. 하지만 "중력 시간 지연"이라는 또다른 시간 지연도 있다. 중력 시간 지연은 속도 증가가 일으키는 지연이 아닌 매우 강력한 중력이 일으키는 지연이다. 우리가 중력이 강한 곳에 있다면 우리의 시간은 중력이 약한 곳에 있는 사람들의 시간보다 느리게 간다. 중력 시간 지연의 효과가 블랙홀 주변에서만 나타나는 것은 아니다. 지구 중심의 중력은 지각보다 강하므로 지구 핵은 지각보다 아주 조금 어리다. 그렇다면 중력이 지구보다 약한 국제 우주정거장에서는 시간이 더 빨리 가므로 우주비행사들을 젊게 만들어주는 운동 시간 지연의 효과가 상쇄된다.

시간 지연은 지난 세기 동안 다양한 방식으로 시험되었고 그중 가장 유명한 실험은 미국의 물리학자 조지프 하펠과 천문학자 리처드 키팅이 설계한 실험일 것이다. 세인트루이스에서 조교수로 일하던 하펠은 1970년 어느 날 상대성과 시간 지연에 대한 강의를 준비하면서 약 10킬로미터의 고도를 초당 300미터의 속도로 비행하는 일반적인 민간항공기의 탑승객이 경험하는 시간 지연을 대략적으로 계산했다. 운동 시간 지연으로 느려지는 시간과 중력 감소로 빨라지는 시간을 조합하면, 전체적으로 약 100나노초의 시차(0.0000001초. 인간의 반응 시간이 0.25초라는 사실을 떠올리면 얼마나 짧은 시간인지 짐작할 수 있을 것이다)가 일어날 것으로 예측되었다.

이처럼 미세한 시차는 나노초 단위를 잴 수 있는 매우 정밀한 시계로 측정해야 한다. 1955년 런던 남서부에 자리한 국립 물리학 연구소가 세슘 원자를 이용하여 나노초 단위를 측정할 수 있는 시계를 처음으로 만들었다. 별빛은 원자 주위를 도는 전자를 들뜨게 하여 궤도를 이동시키는데, 이 같은 현상은 레이저로도 가능하다. 전자는 소량의 에너지를 흡수해 에너지 준위를 높인 다음 다시 낮추면서 매우 특정한 파장(색)의 빛을 발산한다. 우리는 이 현상을 통해서 별을 형성하는 성운 가스 구름에 어떤 원소가 있는지 알 수 있다. 특정 원소가 내보내는 특정한 색은 원소의 지문과 같다.

우리는 이런 과정을 더욱 정밀하게 조정할 수 있다. 전자가 에너지 준위를 낮출 때 내보내는 파장과 동일한 파장의 레이저를 쏘면 전자들이 들뜬 상태와 바닥 상태 사이를 오가는 데에 필요한 정확한 양의 에너지를 주입할 수 있다. 우리는 이를 원자와 레이저가 공명resonance 상태에 있다고 표현한다. 레이저로 정확한 공명의 파장을 찾는다면 우리가 학교에서 배운 파동 속도 공식으로 전자의 전이轉移가 일어나는 진동수를 정확하게 알 수 있다. 빛은 속도가 일정하므로 진동수와 파장은 빛의 속도 = 진동수 × 파장에 따라 근본적으로 상관관계를 맺는다.

이 같은 원리에 따라 세슘 원자의 전자가 들뜬 상태와 바닥 상태

사이를 오갈 때 내보내는 파장을 레이저를 통해서 찾으면 전자들이 첫 번째와 두 번째 궤도 사이를 이동할 때 초당 9,192,631,770번 공명한다는 사실을 알 수 있다. 과거에는 지구 자전을 기준으로 해서 하루를 86,400분의 1로 나눈 시간을 1초로 정의했지만, 이제는 세슘 전자의 진동수가 매우 정확하기 때문에 세슘 원자시계로 정의한다(게다가 세슘 원자 시계를 이용하면 우주 어디에 있더라도 1초를 잴 수 있다). 현재 세슘 원자 시계는 1억 년 동안 1초도 느려지거나 빨라지지 않을 만큼 정확하다(일반적인 기계식 손목시계는 하루에 평균 5초 정도의 오차가 발생한다).

1970년의 원자시계가 오늘날만큼 정확하지는 않았지만, 그래도 나노초 단위를 잴 만큼은 정교했다. 하펠은 상대성 이론이 예측한 시간 지연을 시험하는 데에 필요한 세 가지 중 두 가지인 비행기와 원자시계는 어렵지 않게 구할 수 있으리라고 생각했다. 문제는 나머지 한 가지인 돈이었다. 그는 1년 동안 구걸하다시피 여러 연구소들에 자금 지원을 요청한 끝에 마침내 미국 해군성 천문대 원자시계부에 소속된 천문학자 리처드 키팅을 만났다. 당시 원자시계는 목성의 위성인 이오의 식 주기를 훌륭하게 대체하며 항해 운항에도 활용되고 있었다. 키팅은 하펠이 해군 연구소로부터 8,000달러의 자금을 받도록 도왔고 이 중 7,000달러는 민간항공기와 조종사를 공수하는 데에 쓰였다. 비행기에는 하펠과 키팅의 좌석뿐 아니라 "미스터 클락Mr Clock"이라는 이름의 시계 승객을 위해서 2개의 좌석이 더 마련되었다.

하펠과 키팅은 원자시계를 실은 비행기를 타고 동쪽으로 전 세계를 일주한 다음 2주일 후에는 다시 서쪽으로 돌았고 원자시계로 기록한 시간을 해군 연구소에 있는 다른 시계들의 시간과 비교했다. 이 실험에서 비행기는 지구가 자전해도 정지해 있는 지구 중심을 기준으로 이동했다. 비행기가 지구의 자전 방향과 같은 방향인 동쪽으로 움직일 때는 지구의 자전과 반대 방향인 서쪽으로 움직일 때보다 속도가 상대적으로 빠르다. 그러므로 서쪽으로 비행할 때와 동쪽으로 비행할 때의 운동 시간 지연이 달라진다(동쪽으로 비행할 때의 시계가 서쪽으로 비행할 때의 시계보다 느려진다). 이를 효과가 훨씬 큰 중력 시간 지연과 조합하여 계산하면(서쪽으로 가는 비행기와 동쪽으로 가는 비행기가 정확히 같은 고도를 유지한다고 가정하지만 실제로는 그럴 수 없다) 동쪽으로 갈 때는 시간이 총 40나노초 느려지고 서쪽으로 갈 때는 총 275나노초가 빨라질 것으로 예측된다.

하펠과 키팅은 1972년에 실제 비행기를 운항해 측정한 결과를 발표하면서 동쪽으로 갈 때는 시간이 59나노초 느려졌고(측정 오차 범위가 ±10나노초였으므로 값은 49–69나노초 사이가 된다), 서쪽으로 갈 때는 273나노초(±7나노초) 빨라졌다고 보고했다. 예상값과 측정값은 놀라우리만큼 일치했고 이후 여러 차례 반복된 실험에서도 결과는 같았다. 이는 아인슈타인의 특수상대성과 일반상대성 이론을 바탕으로 얼마나 정확한 예측이 가능한지를 보여주었다. 게다가 이 같은 예측은 실용적인 역할도 해냈다. 지구 주위를 도는 GPS 위성도 운동 시간 지연과 중력 시간 지연의 영향을 받아(중력 시간 지연의 영향이 훨씬 더 크다) 위성에 탑재된 시계는 지구의 시계보다 하루에 38,640나노초 빨라진다. 이 시차를 수정하지 않는다면 2분 안에 정확한 위치를 파악해야 하는 GPS는 제대로 작동할 수 없다. 시간 지연으로 인한 오류를 방치하면 오차는 하루에 10킬로미터씩 벌어진다.

이처럼 이곳 지구에서도 우리 머리 바로 위에서 상대성의 효과를 관찰할 수 있다. 그렇다면 지구보다 질량이 1조 배 큰 블랙홀 주위에서 일어나는 중력 시간 지연의 효과를 상상해보자. 당신이 스파게티화 영향을 차단하는 우주선을 타고 블랙홀로 향하면서 안전한 거리에서 지켜보는 친구에게 1분마다 빛을 내보내는 동안 당신은 시간의 흐름이 평소와 다르다는 사실을 전혀 느끼지 못한다. 1분은 여전히 1분처럼 느껴지고 시간이 느려졌다고는 생각되지 않는다. 하지만 당신을 지켜보고 있는 친구는 당신이 탄 우주선이 사건의 지평선에 가까워질수록 속도가 줄어들고 빛의 신호가 도달하는 시간이 길어지는 것처럼 느낀다. 1분이었던 빛의 간격은 1시간이 되고 1시간은 하루가 되고 하루는 1년이 되고 1년은 1세기가 된다. 사실 당신을 지켜보는 사람은 당신이 사건의 지평선을 건너는 모습을 절대 보지 못한다. 당신이 우주선 발사 이후 단 몇 시간 또는 며칠 만에 사건의 지평선을 건넜다고 해도 그 모습을 지켜보는 사람에게는 당신의 시간이 멈췄기 때문이다. 당신이 되돌아올 수 없는 지점을 건넜을 때 보낸 빛의 신호는 당신의 친구가 지닌 관측 능력을 영원히 벗어나는 사건이다.

이 같은 시간의 정지는 블랙홀이 공간을 왜곡하여 스스로를 훨씬 더 커 보이게 하는 현상처럼 중력 시간 지연이 일으키는 착시 현상이다. 그러므로 블랙홀은 우리가 우리의 눈을 믿지 못하게 하는 무척이나 뛰어난 마술사이다. 하지만 일반상대성 공식들이 진실의 문을 열어준 덕분에 우리는 질량이 아무리 큰 블랙홀이라고 하더라도 그 실체를 이해할 수 있게 되었다.

14

주디, 당신이 해냈군요. 모니카의 배를 마침내 채웠어요*

우리은하 가운데에 자리한 블랙홀은 태양보다 400만 배나 무겁지만 그보다 더 큰 블랙홀도 많다. 제10장에서 이야기한 M87 은하 중심에 있는 블랙홀은 내가 이 글을 쓰고 있는 지금까지 이미지가 촬영된 유일한 블랙홀이며, 이 역시 초대질량 블랙홀이다. M87 은하는 우리은하를 아우르는 초은하단의 가운데에 있다. 우리 지구를 촬영하는 위성이 촬영 범위를 계속 넓히면서 아주 커다란 사진을 찍는다면, 만물의 중심에는 M87 은하의 초대질량 블랙홀이 있을 것이다. "모든 길은 로마로 통한다"라는 오랜 표현은 사실 "모든 길은 블랙홀로 통한다"가 되어야 한다.

M87의 블랙홀은 질량이 태양보다 65억 배나 더 나간다. 그에 비하면 우리은하의 블랙홀은 라이트급 선수일 뿐이다. 하지만 M87 블

* 드라마 「프렌즈」에서.

랙홀이 우주에서 가장 큰 블랙홀은 아니다. 중량이 가장 많이 나가는 헤비급 선수는 태양보다 660억 배나 무거운 TON 618이다. 천문학자들은 질량이 극단적으로 무거운 TON 618을 지칭하기 위해서 극대질량ultramassive 블랙홀이라는 새로운 단어를 만들어야 했다. 하지만 앞에서도 이야기했듯이 블랙홀은 뭐든지 집어삼키는 진공청소기가 아니다. 블랙홀은 복사압 때문에 몸집을 무한하게 늘리지 못한다(에딩턴 한계를 기억하라).

앞에서 설명한 것처럼 블랙홀 대부분은 물질을 바깥으로 미는 복사압 때문에 최대 속도인 에딩턴 한계에서는 물질을 강착하지 않는다. 활동 중인 초대질량 블랙홀의 성장 속도 분포를 살펴보면 평균적으로 최대 성장 가능 속도의 약 10퍼센트에서 물질을 강착한다. 그렇다면 그러한 속도에서는 블랙홀이 어떤 제한도 없이 무한하게 커질 수 있을까? 엄밀히 말하면 블랙홀의 이론적인 최대 질량은 우주 전체의 모든 질량을 합친 값이다. 이를 정확한 숫자로 나타내기는 어렵지만 대략 10^{60}킬로그램 단위이다. 이처럼 1 뒤에 0이 60개나 있는 숫자를 나유타nayuta라고 부른다.

그러나 여기에서 분명하게 밝혀야 할 사실은 블랙홀의 질량이 나유타 킬로그램에 달할 가능성은 거의 없다는 것이다. 우주 자체가 은하들과 더불어 팽창하면서 물질 사이의 간격이 멀어지고 있기 때문이다. 따라서 블랙홀이 궁극적으로 강착할 수 있는 물질의 양은 점차 줄어들 것이고 은하가 더 이상 물질을 공급하지 못하면 그것으로 끝이다. 게다가 우주가 나이를 먹을수록 은하 간 병합이 이루어질 확률이 낮아지므로 초대질량 블랙홀 간의 병합 가능성도 덩달아 낮아질 수밖에 없다. 병합은 블랙홀의 질량을 2배까지 늘리는 무척 효율적인 과정이지만 그 빈도는 시간이 갈수록 낮아진다.

강착 원반의 가스 입자들이 서로 충돌하다가 에너지를 잃어 블랙홀과 가까워지다가 결국 블랙홀에 포함되는 강착 현상은 초대질량 블랙홀의 성장에 매우 중요한 역할을 한다. 강착 과정이 어떤 방식으로든 방해를 받으면 블랙홀은 운 좋게 다른 블랙홀과 병합하지 않는 한 더 이상 커질 수 없다. 그렇다면 강착을 방해하는 현상이 있을까? 있다면 블랙홀의 최대 질량은 어떻게 될까?

2008년 인도의 천체물리학자 프리야 나타라잔(현재 예일 대학교 교수)과 아르헨티나의 천체물리학자 에세키엘 트레이스테르(현재 칠레 대학교 교수)가 강착이 제한될 때, 블랙홀이 지닐 수 있는 최대 질량을 처음으로 계산했다. 나타라잔과 트레이스테르는 초대질량 블랙홀이 은하와 함께 공진화하면서 블랙홀의 최대 질량이 자연스럽게 제한된다고 주장했다. 블랙홀이 계속 커지면 피드백 효과 역시 계속되면서 블랙홀을 둘러싼 강착 원반이 결국 사라지기 때문이다. 두 천체물리학자가 계산한 블랙홀의 최대 질량은 태양의 100억 배였다.

2015년에 영국의 천체물리학자 앤드루 킹이 이에 반기를 들었다. 킹은 블랙홀 연구의 절정기였던 1970년대에 케임브리지 대학교에서 박사 과정을 밟으며 스티븐 호킹과 함께 연구했다. 현재 레스터 대학교 교수인 그는 2014년에 블랙홀과 일반상대성에 관한 연구로 왕립천문학회로부터 에딩턴 메달을 받았다. 킹은 블랙홀 주변에서 일어나는 중력의 이상 현상을 고려하면 블랙홀은 태양의 500억 배까지 질량이 커질 수 있다고 주장했다(하지만 블랙홀이 은하와 같은 방향으로 자전한다면, 태양 질량의 무려 2,700억 배까지도 커질 수 있다).

이는 블랙홀 주위를 둘러싼 여러 다양한 "구체"와 관련이 있다. 그 중 앞에서도 여러 번 등장한 사건의 지평선이 블랙홀의 크기를 정의하는 기준이 되는 이유는 그것이 우리가 더 이상 어떤 빛도 받을 수 없는, 되돌아올 수 없는 지점이기 때문이다. 하지만 천체물리학자들의 일상적인 대화에서는 특이점을 기준으로 한 다른 경계선들도 등장한다. 그중 작용권ergoshpere이란 예를 들어 태양계로 발사된 우주선이 중력의 도움 효과를 통해서 질량이 훨씬 큰 다른 천체들로부터 에너지를 빼앗는 것과 마찬가지로 블랙홀 주변에서 우리가 에너지를 얻을 수 있는 구간을 의미한다("ergoshpere"에서 "ergo"는 "작용"을 뜻하는 그리스어 단어 "ergon"에서 유래했다).

그리고 중력이 매우 강해서 빛의 속도로 움직이는 모든 광자(빛의 입자)의 경로가 휘어지면서 완벽한 원을 그리는 영역인 광자 구photon sphere도 있다. 우리가 광자 구에 있다면 이론적으로 우리 자신의 뒤통수를 볼 수 있다(물론 스파게티화가 일어나지 않았다고 가정했을 때의 이야기이다[111]). 사건의 지평선 바로 바깥에 있는 광자 구는 사건의 지평선보다 약 1.5배 크다.

그러나 강착 과정에서 무엇보다도 중요한 영역은 최근접 안정 원궤도Innermost Stable Circular Orbit인 ISCO이다.[112] 우리 모두가 학창 시

---

111 이야기를 이어나가기 위한 어쩔 수 없는 변명이다.

112 "Innermost Stable Circular Orbit"을 발음하다 보면 비트박스처럼 느껴진다. 린 마누엘(각주에서 여러 번 언급했으니 이제 성 없이 이름만 불러도 될 듯하다), 당신이 ISCO에 관한 비트박스 곡이 연주되는 블랙홀 힙합 뮤지컬을 만들어주

절에 배웠던 뉴턴 버전의 중력 이론에 따르면, 완벽한 원을 이루는 궤도는 거리가 얼마나 되는지와 상관없이 매우 안정적이다. 그러므로 예컨대 완벽한 원 궤도를 그리던 소행성이 크기가 큰 다른 소행성과 충돌하면 궤도가 조금 틀어지기는 해도 곧 적응하여 미세하게 타원형을 띠는 궤도를 그린다(원은 원일점과 근일점이 같은 매우 특별한 타원일 뿐이라는 사실을 기억하자). 따라서 태양 바로 바깥에서 안정적으로 원을 그리던 물체는 어떤 이유에서건 궤도를 조금 벗어나게 되더라도 타원형으로 계속 태양 주위를 돈다.

그러나 아인슈타인의 일반상대성 이론에서는 그렇지 않다. 특히 블랙홀처럼 밀도가 매우 높은 물체 주변의 특정 구간에서는 원을 그리던 물체가 궤도가 틀어질 경우 궤도를 수정하지 못하고 블랙홀을 향해 소용돌이치고 만다. 이 구간이 ISCO이며 사건의 지평선보다 지름이 약 3배 크다(자전하는 블랙홀에서는 그보다 약간 작다). 질량이 있는 모든 물체는(다시 말해서 빛의 입자인 광자를 제외한 모든 물체) ISCO보다 가까운 곳에서 안정적인 궤도를 돌 수 없다. 일반적으로 이 영역이 블랙홀을 둘러싼 강착 원반의 대략적인 테두리가 된다. 사건의 지평선처럼 ISCO도 블랙홀 질량과 상관관계를 맺으므로 블랙홀의 질량이 클수록 ISCO가 더 바깥에 있다.

블랙홀을 둘러싼 또다른 원 중에는 자가 중력 반경도 있다. 자가 중력 반경 역시 물체가 블랙홀에 얼마나 가까이 다가갈 수 있는지와 블랙홀의 질량이 얼마나 나가는지에 따라 달라지지만, 근본적으로

기를 간절히 기다리고 있어요.

는 물체가 스스로의 형체를 유지하는 자가 중력이 블랙홀이 잡아당기는 힘보다 큰 지점들을 일컫는다. 이 지점이 무척 중요한 까닭은 애초에 왜 별들이 초대질량 블랙홀을 둘러싸고 있는 은하가 존재하게 되었는지 설명해주기 때문이다. 자가 중력 반경 바깥에서는 가스가 은하 가운데에 있는 초대질량 블랙홀이 일으키는 중력보다 가스 자체의 중력의 영향을 더 강하게 받으므로 내부 붕괴를 일으켜 밀도가 높아지면서 별이 된다. 이 같은 현상이 일어나지 않았다면 우리는 존재조차 할 수 없었을 것이다. 우리를 이루는 모든 원자는 우리은하의 초대질량 블랙홀을 에워싼 거대한 강착 원반에 머물러 있었을 것이다.

앤드루 킹은 2015년에 초대질량 블랙홀이 더 커지면(강착과 은하와의 공진화를 통해서) ISCO가 자가 중력 반경을 넘어선다는 사실을 지적했다. 그렇다면 강착 원반의 가스 입자가 다른 입자들과 수없이 충돌하며 에너지를 잃고 궤도가 감소하더라도 블랙홀로 흡수되어 블랙홀의 질량을 늘릴 만큼 궤도 반경이 작아지지는 않는다. 강착 원반에 있는 다른 모든 입자에서 비롯된 중력의 잡아당기는 힘이 블랙홀의 중력이 당기는 힘보다 항상 더 클 것이기 때문이다.

사실 이 경우에서는 강착 원반도 형성되지 않는다. 대신 가스가 유입되면 G2 가스 구름이 우리은하의 블랙홀 주변에서 그랬듯이, 자가 중력이 가스를 덩어리로 뭉쳐 블랙홀 주변을 둘러싸도록 한다. 물질이 블랙홀 중앙으로 곧장 끌려가는 방향에 있지 않은 한(아무리 큰 블랙홀이라고 하더라도 우주가 얼마나 광활한지를 떠올리면 이는 몹시 드문 일이다) 블랙홀에 흡수되지 않는다. 이처럼 강착 원반이 없으면 크리스마스트리를 밝히는 조명처럼 극대질량 블랙홀을 밝힐 물질이 없으므로 우리는 그 위치를 알 수 없다.

이러한 이유에서 TON 618은 무척 흥미롭다. 태양보다 질량이 660억 배 더 나가는 극대질량 블랙홀인 TON 618은 킹이 추산한 비-회전 블랙홀의 최대 한계(태양 질량의 500억 배)를 넘어선다. 대부분의 블랙홀이 회전하고 있으므로(각운동량이 생기면 무턱대고 회전을 멈출 수 없다) 이는 놀라운 수치이기는 하지만, TON 618이 최대 질량에 가까워지고 있다는 것은 분명한 사실이다.

TON 618의 독특함은 TON 618 자체의 정체가 알려지기도 전에 밝혀졌다. 1957년 멕시코의 천문학자 브라올리오 이리아르테와 엔리케 차비라가 토난친틀라 천문대에서 보라색으로 보이는 TON 618의 모습을 사진건판으로 찍은 것이다. 그리고 1970년에 볼로냐 하늘을 전파망원경으로 탐색하던 이탈리아의 천문학자들이 TON 618의 정체가 퀘이사라는 사실을 마침내 밝혔다. 1976년에는 프랑스의 천문학자 마리-엘렌 울리히가 텍사스에 있는 맥도널드 천문대에서 TON 618까지의 거리를 계산하여(TON 618에서 출발한 빛은 108억 년 전의 빛이다) TON 618이 이제까지 알려진 퀘이사들 가운데 가장 밝은 퀘이사 중 하나라는 사실을 발견했다(퀘이사가 밝을수록, 다시 말해서 강착 원반이 밝을수록 질량이 크다).

강착 원반에서 가스가 이동하는 속도를 측정하여 계산한 TON 618의 질량은 태양의 660억 배이다. 이미 여러 번 언급했지만 이는 무척 큰 수치이다. 우리은하를 이루는 모든 별의 질량을 합한 것(태양 질량의 640억 배)보다도 무겁다. TON 618의 사건의 지평선은 지구와 태양 사이의 거리보다 1,300배 크다(태양과 해왕성 간의 거리보다는 40배 크다). 이는 작디작은 인간의 마음을 두려움에 사로잡히게 할 만큼 몹시 거대한 크기이지만 우리가 자젤처럼[113] 인간 탄환이 되어 TON 618로 곧장 향하지 않는 한 무서워할 것은 아무것도 없다. 마치 우주가 싱크대 배수구를 마개로 막은 것처럼 우리가 블랙홀로 빨려들 일은 일어나지 않는다.

우리가 블랙홀이 강착을 통해서 얼마나 몸집을 불릴 수 있는지 가늠할 수 있고, TON 618이 그 한계에 거의 도달했다는 사실은 무척 흥미롭다. 이는 블랙홀이 한계에 다다르는 우주의 새로운 시대가 열릴 수 있다는 뜻이다. 블랙홀이 한계에 도달해서 더 이상 커지지 않거나 빛을 내지 않으면 우주 전체에 흩어져 있는 퀘이사들은 희미해지기 시작할 것이다. 이 현상이 불과 수백만 년 전에 일어났더라면 우리 인간은 초대질량 블랙홀의 존재조차도 몰랐을 것이다. 어떤 블랙홀은 이미 극대질량 상태에 도달했을지도 모르지만, 우리는 그것이 어디에 있는지 알 수 없다. 강착 원반에서 나오는 빛이 없다면 머나먼 은하의 중심에 자리한 블랙홀의 질량을 결코 가늠할 수 없다. 이미 극대질량에 도달한 블랙홀들이 어딘가에 숨어 있을지도 모를 일이다.

나는 우리가 더 이상 커지지 않는 블랙홀들이 있을 수 있는 우주

---

113 무대에서는 자젤로 불린 로사 마틸다 리히터는 1877년 열일곱 살에 런던에 있는 로열 아쿠아리움에서 세계 최초로 인간 포탄이 되었다. 그는 바넘 앤 베일리 서커스단과 함께 유럽과 미국 전역을 다니며 "지구상 가장 위대한 쇼"에 출연했다. 휴 잭맨이 주연한 최근 영화 「위대한 쇼맨」의 팬들은 잘 알 것이다.

시대를 살고 있다는 사실에 놀라면서도 한편으로는 조금 아쉽다. 이처럼 공포와 엄청난 흥미를 동시에 자아내는 거대하고 신비한 블랙홀들이 가장 좋은 시절을 이미 떠나보낸 것만 같아서이다. 이런 생각에 웃어야 할지 울어야 할지 모르겠다. 하지만 아직 웃을 수 있는 한 가지 사실이 남아 있다.

15

죽은 모든 것은 언젠가 되돌아온다*

영원은 매우 긴 시간이다. 인간의 뇌로는 무한의 개념을 진정으로 이해할 수 없다. 무한한 시간은 더욱 그렇다. 불멸을 이야기한 소설이 아무리 많아도 우리는 시간의 무한함을 이해하지 못한다. 블랙홀이 어떻게 형성되고 커지는지를 생각하다 보면 블랙홀도 끝을 맺는지 궁금해지기 마련이다. 우주가 진화하는 한 블랙홀은 사건의 지평선이라는 감옥 안에 영원히 갇힌 물질들과 함께 계속 죽지 않고 존재할까? 아니면 결국 소멸할까?

영국의 물리학자 스티븐 호킹은 1974년에 이 문제를 고민했다. 호킹은 누구보다도 역동적인 삶을 살았다. 1963년에 케임브리지 대학교에서 우주론으로 박사 과정을 시작한 지 반년 만인 스물한 살에 맘대로근을 제대로 통제할 수 없게 되어 말하고, 음식을 먹고, 걷기가 어려워지는 운동신경질환의 초기 단계라는 진단을 받았다. 의사들은

* 록 그룹 "유니폼 앤 더 바디"의 노래 제목.

그에게 남은 시간이 2년이라고 말했고 호킹은 공부를 계속할 이유가 없다고 느꼈다. 하지만 병이 처음 예상보다 더디게 진행되고 두뇌 활동에는 영향을 미치지 않았고, 호킹의 박사 과정 지도 교수였던 데니스 시아마는 그에게 특이점 연구를 다시 시작해보라고 설득했다. 우주 자체가 특이점에서 시작했을 가능성을 탐색한 호킹의 박사 논문은 일반상대성을 우주에 적용하면서 우주론에 혁명을 일으켰다.

1960년대 말 중성자별이 발견되고 특이점을 블랙홀과 우주 탄생에 모두 적용한 호킹의 연구가 발표되면서 최소한 이론물리학계에서는 블랙홀 개념이 폭넓게 받아들여졌으나, 아직 많은 질문들에 대한 답은 나오지 않고 있었다. 블랙홀은 언뜻 여러 물리학 법칙을 어기는 듯 보였고 엔트로피는 항상 증가한다는 가장 기본적인 법칙 중 하나인 열역학 제2법칙도 그랬다. 엔트로피는 무질서의 정도로 묘사되고는 하지만 좀더 정확하게 설명하자면 일어날 가능성이 가장 높은 사건이 실제로 일어난다는 것이다. 상자 안에 동전들을 앞면이 위를 향하게 해놓은 다음 흔들면 앞면이 모두 그대로 위에 있거나 뒷면이 모두 위를 향하고 있을 가능성은 몹시 낮다. 가장 가능성이 높은 경우는 대략 절반은 앞면이 위를 향하고 나머지 절반은 뒷면이 위를 향하는 엉망진창인 상태이다. 마찬가지로 달걀을 깨서 병에 넣고 저으면 노른자가 원래의 모습을 잃을 가능성이 가장 높다. 스크램블드에그를 만드는 과정을 떠올리면 쉽게 이해할 수 있다. 흩트려놓은 달걀을 원래대로 되돌릴 수 없는 것은 엔트로피가 감소할 수 없기 때문이다.

블랙홀로 강착된 물질은 사건의 지평선 안에 영원히 갇힌다. 이처럼 우주의 무질서를 조금씩 낮추어 엔트로피를 감소시키는 과정은 열역학 제2법칙에 어긋나는 것처럼 보인다. 하지만 멕시코 출신의 이스라엘계 미국인 물리학자 야코브 베켄슈타인이 1972년에 프린스턴 대학교에서 박사 과정을 밟는 동안 이 문제를 풀었다.[114] 그는 블랙홀이 물질을 강착해 질량이 늘어날수록 사건의 지평선 역시 커진다는 사실을 발견했다. 사건의 지평선은 특이점을 둘러싼 구체이므로 "표면"이 있어야 하고 그렇다면 표면적도 있어야 한다. 블랙홀이 커지면 사건의 지평선을 이루는 구체의 표면적 역시 커진다. 베켄슈타인은 바로 이 같은 표면적이 블랙홀의 엔트로피를 규정한다고 주장했다. 표면적이 증가하면서 일어나는 엔트로피 증가가 물질이 블랙홀에 강착하면서 일어나는 엔트로피의 감소를 상쇄한다는 논리이다. 그렇다면 열역학 제2법칙의 선언처럼 우주의 전체 엔트로피는 상승한다.

그러나 호킹은 베켄슈타인의 주장에 대해서 확신이 서지 않았다. 엔트로피는 "열"역학이라는 용어에서도 알 수 있듯이 어떤 일이 일어나면서 발생하는 열 에너지와 근본적으로 연결되어 있다. 다시 말해서 엔트로피 변화는 열이 뜨거운 곳에서 차가운 곳으로 옮겨가는 열 전달과 관련된다. 열 에너지가 반대로 차가운 곳에서 뜨거운 곳으로 스스로 이동하려면 엔트로피가 감소해야 하는데, 이는 일어날 확률

114 블랙홀은 수년간 강착하면서 어떤 물질로 내부를 이루어지게 되었는지와 상관없이 질량, 전하, 회전 속도만으로 설명할 수 있다는 "머리털 없음 정리(no-hair theorem)" 역시 베켄슈타인의 작품이다. 블랙홀을 완벽하게 설명하는 데에는 다른 정보(머리털이 "다른 정보"이다)는 필요 없으므로 "블랙홀은 머리털이 없다"는 것이다. 이를 다르게 말하자면 블랙홀은 춤을 출 때 머리카락을 흔드는 동작으로 관객에게 감동을 주지는 않는다. 블랙홀은 대머리이기 때문이다.

이 가장 낮은 현상이다. 뜨거운 음료가 차가워지고 찬 음료가 미지근해지는 것도 같은 원리이다. 열이 뜨거운 곳에서 차가운 곳으로 전달되는 이유는 그러한 일이 일어날 가능성이 가장 높기 때문이다. 호킹은 사건의 지평선이 이루는 면적에 엔트로피가 있다면 복사가 일어나야 한다고 생각했다.

그는 베켄슈타인의 주장을 반박하려면 양자역학을 일반상대성과 결합해야 한다는 사실을 깨달았다. 열역학 법칙들은 척도가 가장 작은 입자들의 행동을 규명하는 양자역학을 바탕으로 한다. 일반상대성만으로는 특이점과 사건의 지평선 개념을 넘어서서 더 많은 것을 알아내기에 역부족이라면, 양자 중력 이론quantum gravity theory이 무엇인가를 설명해주지 않을까?

1973년에 호킹은 블랙홀 주변처럼 공간이 극단적으로 휜 상황을 양자역학의 관점에서 연구하던 소비에트연방의 천체물리학자 야코프 젤도비치와 알렉세이 스타로빈스키를 모스크바에서 만났다. 그들은 공간이 휘면 몹시 작은 양자 척도에서는 공간 자체의 에너지 균형이 무너진다는 사실을 발견했다. 게다가 블랙홀이 회전하면 입자를 생성해서 밖으로 내보낼 수 있다는 주장을 수학적으로 뒷받침하여 베켄슈타인의 블랙홀 엔트로피 이론을 입증했지만 호킹은 이를 믿지 못했다.

그러나 호킹이 처음 제시한 계산을 적용해도 결과가 같았을 뿐 아니라 비-회전 블랙홀 역시 입자를 생성할 수 있다는 놀라운 사실이 드러났다. 자존심이 상한 호킹은 이 문제에 집착하기 시작했다. 이를 제대로 설명하려면 양자역학과 일반상대성을 결합하여 휜 공간에서 일어나는 양자 에너지 요동을 규명하는 양자 중력 이론이 필요하다. 안타깝게도 호킹이 살던 시대에는 양자 중력 이론이 나오지 않았으며, 2022년 현재까지도 존재하지 않는다. 그래서 그는 임시방편을 택했다. 다시 말해서 블랙홀이 형성되기 전과 후, 공간이 휘지 않았을 때와 휘었을 때 양자 에너지가 어떻게 달라질지 고민한 것이다.

양자역학은 이상한 세계이다. 공간은 몹시 작은 진동 때문에 그 자체로 에너지를 지닌다. 그리고 진동마다 특정한 모드가 있다. 바이올린의 줄을 공간으로 상상한다면, 양자 모드는 다양한 음이다.[115] 프렛을 손가락으로 누르면 줄이 내는 음(줄이 진동할 때의 에너지)이 바뀐다. 양자 진동이 바이올린 현의 음정과 다른 점은 음의 파장과 양의 파장이 서로 상쇄되면서 에너지가 완벽한 균형을 이룰 수 있다는 사실이다(우리는 이를 "진공 상태"라고 부른다).

호킹은 양자 진동이 이루어지는 경로에서 블랙홀이 형성되면 사건의 지평선과 비슷한 파장의 모드는 교란이 일어나 결국 블랙홀로 흡수될 것이라고 주장했다. 그러나 다른 파장의 모드들은 방해받지 않고 양자 진동을 활발하게 이어간다. 그렇다면 공간 자체의 양자 모드에서 이루어지는 에너지 균형이 깨지면서 어떤 모드들은 상쇄가 이루어질 다른 모드가 존재하지 않게 된다. 이러한 에너지 불균형이 복사로 방출되고 이 빛의 파장은 블랙홀을 둘러싼 사건의 지평선의 크기와 비슷하다. 그러므로 초대질량 블랙홀을 둘러싼 사건의 지평선에서는 전파처럼 파장이 긴 복사가 일어나야 하고 크기가 작은 블랙홀

---

115 바이올린 줄 이야기는 그저 비유를 위한 것이지 끈 이론에 대한 것이 아니다.

에서는 폭발적인 힘의 X선이나 감마선처럼 파장이 짧은 복사가 일어나야 한다. 실제로 호킹은 이를 설명하는 논문의 제목을 "블랙홀 폭발?"로 지었으나 블랙홀의 복사는 이후 호킹 복사Hawking radiation라고 불리게 되었다.

무엇보다도 놀라운 사실은 호킹이 양자역학의 수학적 증명을 통해서 이 같은 결론에 이르면서 블랙홀의 복사가 지니는 파장들의 분포가 별처럼 뜨거운 물체에서 나오는 열복사와 정확히 같은 형태를 띤다는 사실을 깨달은 것이다. 복사에서도 열역학과 블랙홀의 물리학이 연결되어 있는 것이다. 일상의 열역학에서 "흑체 복사black body radiation"란 별이든 오븐이든 인간의 몸이든 주변의 온도를 올리는 모든 물체가 내보내는 복사를 뜻한다. 질량이 큰 별이 내보내는 복사 대부분은 자외선과 가시광선인 반면에 우리 몸은 적외선처럼 파장이 긴 복사를 주로 내보낸다. 이는 쉽게 예상할 수 있듯이 우리 몸이 별보다 온도가 훨씬 낮기 때문이다. 1900년 양자역학의 선구자 중 한 명인 독일의 물리학자 막스 플랑크는 복사의 매우 구체적인 파장 분포는 오로지 물체의 온도로 결정된다는 사실을 발견했다. 온도가 높은 별은 푸른색을 띠고 낮은 별은 붉은색을 띠는 것 역시 이런 이유에서이다.

호킹은 블랙홀이 양자 에너지 진동을 방해하는 과정에서 발생하는 복사를 같은 방식으로 설명할 수 있다는 사실을 깨달았다. 한 가지 다른 점은 온도가 아니라 사건의 지평선이 이루는 표면적(즉 블랙홀의 질량)이 파장 분포도를 결정한다는 것이었다. 이는 베켄슈타인이 내놓은 이론과 같은 결론이었지만, 베켄슈타인은 그 원리를 설명하지 못했다. 호킹 복사가 큰 영향을 미친 까닭은 미세한 양자 진동을 실제 방출되는 복사로 전환하려면 에너지의 일부를 블랙홀 자체에서 빌려와야 한다는 사실을 밝혔기 때문이다. 아인슈타인의 가장 유명한 공식 $E = mc^2$을 기억해보자. 에너지와 질량은 등가물이다. 그러므로 블랙홀이 호킹 복사를 생성하면서 에너지를 잃으면 질량도 함께 잃으면서 서서히 "증발하게" 된다.

위 문장에서 중요한 부분은 **서서히**이다. 호킹은 이 과정이 실제로 얼마나 오래 걸리는지 계산했고 그 결과 역시 오로지 블랙홀의 질량에 따라서 결정된다는 사실을 발견했다. 태양과 질량이 같은 블랙홀이 호킹 복사로 모든 에너지가 증발하는 데에는 10^{64}년이 걸린다(1 옆으로 0이 64개 있는 이 숫자는 1만 조의 1조 배의 1조 배의 1조 배의 1조 배이다). 우주 자체가 138억 년밖에 되지 않았다는 사실을 떠올리면 호킹 복사가 얼마나 느리게 일어나는지를 짐작할 수 있을 것이다. 하지만 호킹의 계산에 따르면 초기 우주에서 형성되어 질량이 1조 킬로그램도 나가지 않는 원시 블랙홀이라면, 이제까지 증발하는 데에 충분한 시간이 있었다(지구는 약 6조 킬로그램의 1조 배이므로, 아홉 번째 행성은 아직 걱정하지 않아도 된다).

흥미로운 사실은 그러한 블랙홀이 존재한다면, 완전히 증발하기 전에 호킹 복사의 마지막 숨결을 우리가 포착할 수 있으리라는 것이다. 1조 킬로그램의 블랙홀은 이 같은 증발 과정의 마지막 0.1초 동안 100만 메가톤의 수소폭탄과 같은 에너지를 내보낼 것이다. 이는 엄청난 폭발처럼 들리지만 사실 천문학적인 관점에서는 그리 대단한 규모는 아니다. 초신성은 그보다 10억 배의 1조 배 큰 에너지를 발산하며 며칠 동안 빛을 낸다.

그러므로 현재 활동 중인 블랙홀로부터 호킹 복사가 관측될 것이라는 희망은 언제나 존재했지만 이제까지 발견된 적은 없다. 호킹 복사는 아직 실제 데이터는 없는 훌륭한 이론일 뿐이다. 하지만 그 이유는 우리가 충분히 오랜 시간을 기다리지 않아서일 뿐인지도 모른다. 호킹 복사는 매우 느리게 일어나므로 우리가 바라왔던 빛을 실제로 보기에는 우리의 삶이 너무 짧을 것이다.

우리은하 가운데에 있는 초대질량 블랙홀이 가장 가능성이 높은 후보이지만, 질량이 태양보다 400만 배 더 나가므로 호킹 복사는 파장이 길어 훨씬 느린 속도로 발산될 것이다. 완전히 증발하기까지는 10^{87}년이 걸리고 이마저도 더 이상 크기가 커지지 않고 물질의 강착을 중단할 때의 경우이다. TON 618이 강착을 통해서 최대 질량에 다다른 후에 모두 증발하는 데는 거의 10^{100}년(1구골 년)이 걸릴 것이다. 그렇다면 우리은하의 블랙홀이나 TON 618이 정말 증발할지는 우주가 얼마나 존재할지에 달려 있다. 우주가 과연 그렇게나 오래 존재할 수 있을까?

에필로그

마침내 모든 것의 끝이다*

이제 책의 마지막에 다다른 만큼 우주의 끝을 이야기하는 것이 자연스러울 듯하다. 우주를 관찰하면 거의 모든 은하의 빛은 적색 이동을 한다. 우주가 팽창하면서 은하들은 서로 멀어진다. 1920년대에 이루어진 이 발견은 과학계를 통틀어 가장 유명한 이론 중 하나인 빅뱅 이론의 탄생으로 이어졌다. 우주의 시간을 되감는다면 모든 은하가 서로 점차 가까워지다가 모든 물질이 무한히 작은 공간에 모일 것이다. 이미 들은 적 있는 이야기인가? 질량이든 온도든 압력이든 무엇인가를 무한히 작은 공간에 밀어넣으면 특이점이 발생한다.

빅뱅 이론에 관한 가장 큰 오해 중 하나는 빅뱅이 우주 탄생에 관한 이론이라는 것이다. 이는 결코 사실이 아니다. 빅뱅 이론은 우주가 온도와 밀도가 매우 높은 상태에서 점차 진화하여 지금 우리가 관찰할 수 있는 은하들이 여러 형태로 분포되기까지의 과정을 설명한다. 하지만 시간 = 0인 “탄생”의 첫 순간에 어떤 일이 일어났는지

* 『반지의 제왕』에서.

는 설명하지 않는다. 우리는 물리학 지식 덕분에 우주의 나이가 불과 10^{-36}초(1초의 1조 분의 1조 분의 1조 분의 1)였을 때까지 시간을 되감을 수 있지만 그 전은 우리가 아는 모든 물리학 법칙이 깨져버린다. 네 가지 기본 힘인 중력, 전자기력, 원자를 결합하는 강력, 방사능을 통제하는 약력이 전혀 다르게 행동하며 하나로 통합된다. 이 순간을 설명하려면 대통일 이론이 필요하지만 아직 그러한 이론은 없다. 호킹이 양자역학과 일반상대성을 통합해 블랙홀의 엔트로피를 이해하려고 했지만, 그러한 통합 이론이 아직 존재하지 않았던 것과 마찬가지이다.

이처럼 우주 시작의 특이점에 대해서 밝혀진 사실은 아직 많지 않지만 모든 것이 사건의 지평선 안에 갇혀 있는 블랙홀의 특이점과는 달라야 한다는 사실만큼은 분명하다. 그렇지 않았다면 우리는 모두 존재조차 할 수 없었을 것이다. 우주는 어떤 이유에서인지 팽창하기 시작했고 "암흑 에너지"라고 하는 무엇인가에 의해서 팽창 속도가 빨라지고 있지만, 우리는 암흑 에너지가 실제로 무엇인지는 전혀 모른다. 우리의 물리학 이야기는 끝나려면 아직 멀었다. 이 책에 등장한 과거 과학자들의 어깨 위에 서 있는 지금의 물리학자들이 풀어야 할 미스터리는 여전히 많다는 뜻이다.

138억 년의 우주 역사는 별과 마찬가지로 바깥으로 팽창하려는 공간의 힘과 안으로 붕괴하려는 물질의 중력이 겨루는 과정의 연속이었고 이제까지는 팽창이 이겨왔다. 하지만 우주가 수십억 년 후에 맞을 궁극적 운명은 얼마나 많은 에너지를 팽창에 쏟아붓고 또 얼마나 많은 에너지를 물질을 만드는 데에 쏟아붓는지에 따라 달라질 것이다. 이 두 가지가 균형을 이루어 서로 상쇄한다면 우주의 팽창 속도는 결국 줄어들다가 무한히 느려질 것이다. 다행히 우리는 이를 "밀도 변수"로 가늠할 수 있다. 밀도 변수란 우주의 모든 물질, 복사, 암흑 에너지가 이루는 평균 밀도의 합을 팽창을 완벽하게 상쇄하는 임계 밀도로 나눈 값이다. 밀도 변수가 1이면 팽창의 힘이 우주 구성물의 힘으로 완벽하게 상쇄되어 우주는 평형 상태에 이르면서 안정적인 매질이 된다.

한편 밀도 변수가 1보다 작아서 물질의 힘이 팽창을 이기지 못하면 "빅 립Big Rip" 시나리오가 시작된다. 기하급수적으로 증가하는 팽창의 힘은 중력뿐 아니라 원자 속 입자들을 결합하는 강력마저도 능가할 것이다. 그렇다면 우주에는 생명력 없는 입자만이 매우 드문드문 떠다닐 것이다.

반대로 밀도 변수가 1보다 크면 물질의 힘이 팽창의 힘보다 커진다. 그렇다면 우주의 팽창 속도가 점차 느려지다가 어느 순간부터 마이너스가 되어 수축하면서 "빅 크런치Big Crunch" 시나리오가 시작된다. 빅 크런치 시나리오에서는 우주의 모든 물질과 에너지가 팽창하던 방향과 반대 방향으로 후퇴해 우주 곳곳의 밀도가 높아지면서 극대질량 블랙홀이 만들어지고 극대질량 블랙홀들 역시 하나의 특이점으로 몰린다. 이처럼 우주가 스스로 출발선으로 되돌아간다는 생각은 무척 멋지게 들린다. 우주가 빅뱅 팽창과 빅 크런치 수축을 끊임없이 반복하는 "빅 바운스Big Bounce"의 가능성을 탐색하는 천체물리학자들도 있다.

우주가 이 시나리오들 중에서 궁극적으로 어떤 운명을 맞을지는 밀도 변수를 측정해서 파악할 수 있다. WMAP 위성[116]이 우주배경복사의 복사를 관측한 결과가 이제까지 이루어진 가장 정밀한 측정이다. 우주배경복사란 초기 우주에서 비롯된 복사의 흔적으로, 우주가 탄생한 지 얼마 되지 않았을 때의 상황을 알려준다. 지구와 가까운 초신성을 기준으로 삼아 계산한 우주의 팽창 속도에 WMAP 데이터를 조합하면 밀도 변수는 1.02 ± 0.02가 된다. 여기서 0.02는 측정의 불확실성을 나타내는 값으로 밀도 변수의 값이 1.00−1.04의 범위에 속한다는 뜻이다.

WMAP에 따르면 우주는 겨우 균형을 유지하고 있고 언젠가는 물질이 팽창을 이길지도 모른다. 밀도 변수의 값이 이처럼 1을 겨우 넘는다면 우주의 궁극적인 운명은 빅 크런치이다. 우주의 모든 물질이 결국 하나의 특이점으로 모이면서 블랙홀이 다른 모든 블랙홀을 없앨 것이다.

그러므로 당신은 우리은하 가운데에 있는 초대질량 블랙홀 주변을 따라 우주 공간을 빠르게 움직이면서도 블랙홀로 "빨려들" 위험 없이 편안하게 앉아서 이 글을 읽고 있을 테지만, 나처럼 블랙홀의 불가피한 운명을 안타까워하고 있을지도 모르겠다. 우리는 사는 동안

---

116 WMAP는 "윌킨슨 마이크로파 비등방성 탐색기(Wilkinson Microwave Anisotropy Probe)"의 줄임말이다. 이는 1970년대 우주 마이크로파 배경복사 연구를 개척한 미국의 천체물리학자 데이비드 윌킨슨을 기리는 명칭이다. 윌킨슨은 WMAP 프로젝트 과학팀에 합류하여 2001년에 위성이 발사되는 자리에 함께했으나 안타깝게도 2002년 71세에 암으로 세상을 떠나면서 위성이 제공한 새로운 과학 지식은 접하지 못했다.

블랙홀과 근본적으로 연결되어 있고 우리가 세상을 떠나고 가늠할 수도 없는 먼 미래에 우주가 끝을 맞이할 때에는 우리 몸을 이루던 분자들이 블랙홀의 일부가 될 것이다. 더글러스 애덤스의 책에서처럼 그때에도 레스토랑이 있기를 바란다.

감사의 말

와, 긴 책이었다. 극대질량 책으로 분류해야 할 듯하다. 내 박사 논문보다 분량이 더 많으므로, 박사 논문을 한 번 더 쓴 격이다. 학교 다닐 때 글을 잘 쓰지 못한다는 소리를 듣던 사람으로서 나 스스로가 놀랍다. 내게 우주는 어렵지만 글쓰기는 더 어렵다.

물론 이 책이 가능했던 것은 뒤에서 나를 도와준 훌륭한 팀이 있었기 때문이다. 내 머릿속 가장 어두운 구석 어딘가에서 이 책의 아이디어를 끄집어내주고 나도 할 수 있다고 믿어준 내 첫 에이전트 로라 맥닐에게 가장 먼저 고마움의 마음을 표현하고 싶다. 로라, 앞으로 출판계 바깥에서 이루어질 당신의 모든 노력에 행운이 따를 거예요. 글림에서 로라의 뒤를 이어 나의 가장 큰 지지자가 되어준 애덤 스트레인지에게도 큰 빚을 졌다(하지만 우리 둘 다 애덤의 딸이 책 제목을 놓고 당신과 싸울 것이라는 사실을 잘 안다).

그리고 내가 마구잡이로 토해낸 과학의 언어를 온전한 책으로 엮어준 팬 맥밀런의 모든 이에게 깊은 감사의 말을 전한다. 이 책을 처음부터 믿어준 내 담당 편집자 매슈 콜은 블랙홀을 잘 모르는 독자들이 이해하지 못할 모든 퍼즐 조각들을 제시해주었다. 셜롯 라이트와 프레이저 크라이턴은 살이 촘촘한 빗으로 내 글을 훑으며 내가 놓친

문법과 문장 구조 오류를 모두 쓸어냈다. 이 책을 출판하여 거대하고 치열한 세상에서 빛을 보도록 마케팅에 힘써준 조시 터너, 제이미 포레스트를 비롯한 팬 맥밀런의 모든 직원에게 감사드린다.

나와 자매이자 이 책의 모든 도표와 그림을 그린 메건 스메서스트는 누구보다도 멋진 사람이다. 우리는 같은 가족인데도 나는 과학자이고 메건은 예술가이다. 앞으로도 언제나 메건의 재능에 감탄할 것이다. 내가 전보다 책의 서체에 더 신경을 쓰게 된 것은 다 메건 덕분이다. 메글라, 정말 고마워.

나보다 앞선 모든 과학자들에게 깊은 존경을 표한다. 특히 남자가 주류였던 과학계에서 나 같은 여성 과학자를 위해서 길을 다져준 여성들에게는 감사의 마음을 이루 형언할 수 없다. 그들 덕분에 천체물리학자로서 내 직업에 의문을 품는 사람은 더 이상 없다.

내가 이 책을 쓰던 2021년 하반기에 세상은 평범한 일상으로 돌아가는 듯했지만 책을 마친 2021년 크리스마스에는 평범한 일상이 다시 위협받기 시작했다. 나는 이 책을 카페에서도, 사무실에서도, 집에서도 썼지만 가장 기억에 남는 것은 "집필 휴가"를 내고 케임브리지에서 글만 썼을 때이다. 그때 블랙홀 연구의 매우 많은 역사가 캐번디시 연구소에서 이루어졌다는 사실을 알게 되었고, 각주 49번의 내용도 캐번디시에서 발견한 것이다. 학자라면 누구나 그리워할 북적임, 새로운 작업 환경 그리고 영감을 마련해준 모든 카페 주인과 직원에게도 감사의 말을 전한다.

이 책이 가능했던 것은 전문적인 지원군뿐 아니라 삶의 지원군 덕분이기도 하다. 언제나 나를 믿어주고 마침내 나온 내 책을 읽으면서 즐거워해준 어머니, 아버지 그리고 메건에게 감사의 말을 전한다. 이 책 각 장 제목에 영감을 준 대중문화와 가사가 무엇인지 모두 알아맞힐 우리 가족을 나는 무척 사랑한다. "거인들의 어깨에 서다"는 오아시스 맞지?

노래 가사에 대해서 이야기하자면, 나는 연구소 일을 마치고 저녁에 글을 쓸 때면 음악을 들으며 힘을 내는 날이 많았다. 이 책에서 최소한 3번은 언급한 테일러 스위프트의 음악과 가사는 내게 큰 울림을 주며 나는 테일러처럼 강력하게 아름다운 무엇인가를 창조할 수 있는 사람들을 볼 때마다 감탄을 금치 못한다. 내가 정신없이 키보드를 두드릴 때마다 재생되는 사운드트랙에는 포크로어, 에버모어, 레드(테일러 버전)가 거의 항상 있었다.

마지막으로 내 파트너 샘에게는 고맙다는 말로는 부족하다. 『두 개의 탑』의 프로도처럼 나 베키도 "샘이 없었다면 여기까지 오지 못했을 거야." 내가 글을 쓰는 긴 저녁마다 자료를 조사하며 발견한 "재미난 사실들"을 신나게 떠들면 당신은 하루의 끝을 다시 힘차게 보낼 미소를 선사했어. 고맙고 사랑해. 언제나.

참고 문헌

Emilio, M., et al., *ApJ*, vol. 750, p. 135 (2012)

Giacintucci, Simona, et al., *ApJ*, iss. 891, p. 1 (2020)

Huygens, Christiaan, *Treatise on Light*, translated by Silvanus P. Thompson, www.gutenberg.org/ebooks/14725 (1678)

Kafka, P., *MitAG*, vol. 27, p. 134 (1969)

Manhès, Gérard, et al., *Earth and Planetary Science Letters*, vol. 47, iss. 3, p. 370 (1980)

Montesinos Armijo, M. A. and de Freitas Pacheco, J. A., *A&A*, vol. 526, A146, doi:10.1051/0004-6361/201015026 (2011)

Rindler, W., *MNRAS*, vol. 116, iss. 6, p. 662 (1956)

Röntgen, W. C., 'Ueber eine Neue Art von Stahlen', *Sitzungsberichte Der Physik..-Med Gesellschaft Zu Würzburg* (1896)

Scholtz, Jakub and Unwin, James, *Physical Review Letters*, vol. 125, iss. 5, 051103 (2020)

Schwarzschild, 'Letter to Einstein', S*chwarzschild Gesammelte Werke* (Collected Works), ed. H. H. Voigt, Springer, 1992, vol. 1–3 (1915)

Webster & Murdin (1972), *Nature*, 235, 5332, 37–38

Webster, L., Murdin, P., *Nature*, vol. 235, iss. 5332, pp. 37–38, doi:10.1038/235037a0 (1972)

Wheeler, J. A., *AmSci*, vol. 56, 1 (1968)

역자 후기

인공지능의 발전이 하루가 다르게 많은 사람의 삶을 긍정적으로든 부정적으로든 바꾸고 있지만(번역하는 사람이라면 이 사실을 누구보다도 생생하게 체험하고 있다), 20–21세기의 과학이 이제야 '작은 구멍'을 내기 시작한 신비가 있다. 바로 블랙홀이다. 이 책의 저자 베키 스메서스트는 지금 우리가 블랙홀의 존재를 "당연한 사실로 여기는 건 무척 놀라운 일"이라고 말한다. 우리가 지구 자전축을 중심으로 회전하는 동시에 태양의 궤도를 따라 돌 뿐 아니라 블랙홀 주변을 돌고 있다는 사실은 20세기 말에야 발견되었다. 스메서스트는 이처럼 짧으면 짧다고 할 수 있는 블랙홀 발견의 역사를 독자들이 별생각 없이 받아들였던 용어에 관해서 묻거나, 당연하게 여기고 있던 사실이 정말 당연한 것인지 반문하거나, 어떤 현상의 원인에 대해 생각해본 적이 있는지 물으며 소개한다.

가령 저자는 "'블랙홀'은 애초에 왜 블랙홀로 불리게 되었을까?"라고 묻고는 자신이 천문학에서 무엇인가를 바꿀 수 있는 영향력 있는 사람이라면, '블랙홀'이라는 단어 자체를 바꾸고 싶다고 한탄한다. '블랙홀이 왜 검은가?' '정말 검기는 한 것일까?' 뜻밖의 질문에 당황하면서 그 답이 궁금해 글을 따라가다 보면, 고대 그리스 철학자들이 물었던 "밤하늘의 별을 볼 수 있게 해주는 '빛'은 무엇일까?"의 근원적인 물음부터 다시 시작하게 된다. 머리를 한 대 맞은 것 같은 질문 이뿐만이 아니다. '사건의 지평선'이란 어떤 뜻일까? 왜 우리는 '스파게티'처럼 길게 늘어져서는 안 될까? 블랙홀이 정말 주변을 빨아들이는 진공청소기일까? 구독자가 70만 명이 넘는 유튜브 채널의 운영자이자 주목받는 과학 커뮤니케이터인 저자는 이 같은 전략으로 기초적인 지식에서 시작하여 블랙홀이라는 최신 분야까지 누구나 길을 잃지 않고 따라올 수 있도록 안내한다.

대중문화 애호가라면 블랙홀 발견 역사의 여정을 더더욱 즐길 수 있을 것이다. 테일러 스위프트, 뮤지컬 「해밀턴」, 드라마 「프렌즈」, 애니메이션 영화 「니모를 찾아서」에 이르기까지 음악과 영화, 드라마를 사랑하는 팬들이라면 반가워할 이야기들이 최신 과학과 어떤 이질감도 없이 곳곳에 어우러져 있다.

여성 과학자의 대명사인 마리 퀴리부터 천문대에서 온갖 계산을 도맡으며 여러 발견들을 이뤄낸 컴퓨터들 그리고 여성 최초로 하버드 대학교 학부장 자리에 오른 페인가포슈킨에 이르기까지 여성 천문학자들에 관한 이야기 역시 흥미롭다. 저자는 남성이 주류였던 과학계에서 자신과 같은 여성 과학자들에게 길을 다져준 그들에게 깊은 감사의 말을 전하기도 하고 조셀린 벨 버넬 경이 펄서의 발견자임에도 불구하고 노벨상 수상자에서 제외된 사실에 분노하기도 한다.

저자 베키 스메서스트는 천체물리학자로서 수도 없이 블랙홀의 질량을 계산했고 앞으로도 계산할 테지만, 그때마다 인류가 이를 해낼 수 있다는 사실에 늘 감탄한다고 한다. 그리고 천체물리학자임에도 밤하늘을 바라볼 때마다 수만 광년 떨어진 곳의 빛이 자신의 눈까지 도달한 사실이 놀랍다고도 고백한다. 캘리포니아 주에 있는 릭 천문대 밖에서 별을 바라보려다가 퓨마가 다가온다는 생각에 줄행랑을 쳤던 저자의 천문학에 대한 열정과 진심은 생활이 바빠서든 도시의 빛 공해 때문이든 별을 바라볼 기회가 없던 독자들에게도 생생하게 전달된다. 스메서스트의 책을 통해서 간접적으로 경험한 경이를 언젠가는 직접 밤하늘 아래에서 느끼는 날이 오기를 기다린다.

2024년 2월

하인해

인명 색인